江西理工大学清江学术文库资助

盐渍土土壤的

地质雷达超前探测与判读技术

YANZITU TURANG DE
DIZHI LEIDA CHAOQIAN TANCE YU PANDU JISHU

温世儒　吴霞　党巾涛　邱业绩｜著

中南大学出版社
www.csupress.com.cn
·长沙·

内容简介

本书针对盐渍土地层，就地质雷达的现场探测技术、波形特征解译以及智能化处理等三个重要关联问题，在总结前期研究和应用成果的基础上，阐述了地质雷达探测的基本理论；依托实体工程，系统分析了探测参数设置、探测适用性与波形图像判读特征；基于 BP 神经网络和 Contourlet 等高变换的图像处理技术，提取了波形数字特征并给出了智能化判读方法；更进一步地，依托深度学习，建立了基于 RBM 模型、小波变换和卷积神经网络的波形图像处理技术。

本书可供岩土与地质工程领域的科研、勘察、设计、施工及检测技术人员使用，也可作为高等学校土木工程等相关专业师生的教学参考书。

前　言

地质雷达(ground penetrating radar, GPR)属于电磁脉冲勘探技术，以电磁波在电介质中的传播特性为基本理论依据，具有时效性强、分辨率高、操作简便快捷的特点，已在岩土工程、土地工程等领域得到了广泛认可及应用。盐渍土作为一种电性质具有显著时空变异特征的特殊土，在我国分布广泛，与其相关的土建工程亦大量存在。如何提高针对盐渍土地层的地质雷达超前探测的有效性及其准确率是目前亟须解决的关键技术问题。

本书作者及其所在的研究团队，在总结已有研究和应用成果的基础上，阐述了地质雷达探测的基本理论；依托实体工程，对实测时的探测参数设置、探测适用性以及粗粒盐渍土的波形图像判读标准进行了分析；基于 BP 神经网络、Contourlet 等高变换以及 K-means++聚类的图像处理技术，提取了与波形图像判读标准相对应的波形数字特征并给出了智能化判读方法；依托深度学习，建立了基于 RBM 的地质雷达数据仿真模型和基于小波变换的去噪方法，并开展了基于卷积神经网络的波形图像分类实验。

本书的相关研究工作及出版得到了江西理工大学清江学术文库的大力资助。江西理工大学朱洪威副教授以及硕士研究生孙广平、柳桥波参与了部分研究工作。在本书的撰写过程中，温世儒独立编写第 1、3、4 章；吴霞独立编写第 2 章；温世儒、吴霞、邱业绩共同编写第 5 章；吴霞、党巾涛共同编写第 6 章；温世儒、党巾涛共同编写第 7 章；温世儒负责全书的统稿。本科生刘朝辉、马坤宇、卢淑慧、史歌在本书的资料整理与编排工作中做了大量工作，在此表示衷心的感谢。

另外，书中参考了国内外同行的相关著作、论文和报告，引用和借鉴了其部分研究成果，在此一并表示诚挚的谢意。

希望本书的出版，能够在完善针对盐渍土的地质雷达超前探测相关技术规程、提高探测结果的准确率以及探索地质雷达探测图像的智能化分析处理方面尽微薄之力。

限于笔者水平，书中难免存在不足之处，敬请读者批评指正。

笔者

2021 年 10 月

目　录

第 1 章　绪论

1.1　概述

我国幅员辽阔，土壤地层的分布具有类型多、面积广、区域性强和工程特性差异大的特点，根据工程力学性质、组成成分、结构和构造的不同，可分为一般土壤和特殊土壤。特殊土壤含有特殊的组成物质并具有由此而导致的特殊工程特性，当土壤中的易溶盐平均含量超过 0.3%且具有显著的盐胀、溶陷以及腐蚀等工程性质时，该特殊土壤被称为盐渍土。盐渍土在我国青海、甘肃、新疆和内蒙古等西部省份以及杭州湾、渤海湾、辽东湾等地区均有广泛分布。在国家西部大开发政策的持续支持下，西部地区的土建工程日益增多，早期的单体工程逐渐向集群化、规模化工程转变且相当部分土建工程是在盐渍土区域修建完成的。

盐渍土是盐土、碱土以及各种盐化、碱化土壤的总称，遇水浸润后土中的固态易溶盐会产生消融进而导致土体内部产生溶陷。随着溶陷的逐渐发展，土体内部容易产生空洞、裂缝等病害，在局部甚至可能出现积水，久而久之严重影响土层的整体稳定性和强度，进而对生成安全和正常使用造成威胁，成为安全隐患。因此，如何发现、消除此类病害成了亟待解决的重要问题。

空洞、裂缝、积水等病害埋藏于路面以下土层中，肉眼无法直接发现。对于诸如此类的地下隐蔽病害，常见的探查手段一般有三种，即：挖探、钻探和地球物理勘探。不论是挖探还是钻探，均会对土体造成破坏，无形中扰动破坏了土层的原始整体稳定性和结构性，且这种方法存在典型的“一孔之见”缺陷，无法探查大部分范围内的病害，探查结果具有较强的离散性，且施工不便。

为了避免挖探和钻探法的上述不足，地球物理勘探法（物探法）由于操作简便、时效性强等特点在土建工程中得到了广泛应用。物探法系列中的TSP（地震波反射法）、TEM（瞬变电磁法）、GPR（地质雷达法）等设备对于土层中的病害均具有较强的识别性，其中地质雷达尤其擅长于探测小型空洞、狭窄裂缝等小型病害，目前在土壤探查与地质预报领域得到了广泛认可及应用。

地质雷达探测时需向地层发射电磁波。一般情况下，自然界的土层既是导体又是电介质。研究和试验表明，对于非两极地区的土层，电导率是影响其导电和极化效应的主要因素，而含水率则是影响土层电导率的直接物理指标。土层含水率与电导率之间具有递增关系，导电、极化能力会随着含水率的提高而增强，这已被大量的试验和实践所证实。究其原因，在于土层中增加的水分子能渗入土颗粒间隙并对土颗粒进行包裹从而形成较为连续的潮湿导电带并与矿物分子形成水—矿物分子团。遇外加入射电磁场时，耦合作用会导致入射电磁场的频率、能量、振幅等参数发生改变。基于这一发现，人们提出了相对介电常数这一概念，且国内外已经建立了含水率单因素与相对介电常数之间的估算关系式，如TOPP和CRIM公式。据此，经大量丰富的理论和应用研究，人们相继探索发现了石灰岩、花岗岩、玄武岩、黏土等常规土（岩）层在不同潮湿环境下的波形图像特征，如：经典双曲线特征、斑状特征、低频特征等，有些已经形成了地方（行业）标准或指南，得到了广泛成熟的应用。

显著不同的是，盐渍土是一类与上述土层不同的含有可溶性盐的混合介质。毋庸置疑，水在正温条件下能提高可溶性盐的溶解程度从而使土层释放出更多的游离离子，这显然也能提高导电能力和极化能力，且与含盐量的大小具有共同促进作用。但是，水分子本身并非带电体，而游离离子本质上却属于带有电荷的极微小电磁场。此类极微小电磁场与入射电磁场之间会产生耦合效应，但这种耦合效应会如何改变入射电磁场的原始频率等特征并表现为何种波形图像特征是目前所存在的一个尚未得到有效、合理发现并解决的重要问题。另外，水的浓度亦会对可溶性盐的溶解程度产生改变，且可溶性盐的游离离子会伴随着水的迁移而在竖直埋深方向呈现不同程度的聚集，这种不均匀分布又将产生何种波形响应特征，同样是目前值得深入分析解决的关键问题。

工程实践表明，地层内部的病害类型多种多样，即便是同一种病害，其尺寸、发展方向、形状等物理特征亦存在差异，甚至还有多种病害相互贯通、叠加的情况。为了保证良好的电磁极化效果，实际探测时地质雷达的走向宜垂直于目标病害的长轴。地层病害属于隐蔽体，在实测时一般会布置横竖相交的井格型测网。测网的测线间距以保证垂向分辨率和横向分辨率为准，但又要防止病害响应产生空间上的重叠。

为此，测线间距要遵从奈奎斯特定律，也就是取地层中子波波长的1/4。该定律所述地层指的是普通非盐渍土地层，但盐渍土因含有可溶性盐致其电性质不同于非盐渍土地层，因而其中子波波长计算方法并不适合于盐渍土，因此奈奎斯特定律是否适合于盐渍土测网的间距设置还有待研究。

此外，快速、智能化判读识别研究是当今医学、交通、信息等各研究领域的前沿阵地，探索并实现地质雷达智能化判读识别对于规避人工主观性和经验性判断具有积极作用且可极大地提升判读效率。当前，基于波形图像特征的人工判读依然是不可或缺的重要方法，但相对于飞速发展的智能化判读而言，则存在明显的落后性。为此，基于有效的实测波形图像特征，交叉引入图像处理等技术对相应的波形数字特征进行挖掘、发现并寻找可行的判读方法是一个值得深入探索、研究的重要问题。

到目前为止，对于普通非盐渍土地层而言，地质雷达探测与判读方面的成果较为丰富且得到了广泛有效的应用。但对于盐渍土这一特殊土壤，相关现场探测技术、波形响应判读特征及数字化、智能化判读研究还存在一些需完善与改进的地方。

因此，在前人研究的基础上，有必要对目前存在的不足之处进行研究分析，以期更好地为盐渍土地层的地质雷达超前探测与判读提供理论及技术参考，从而提高探测准确性、时效性与快速性。

1.2 国内外研究现状

地质雷达探测技术实际上包括了现场探测与后期判读分析两个主要内容，具体可划分为介电常数关系建立、现场探测技术、波形响应特征确定以及判读分析。为了把握整体研究动态、寻找不足，有必要对该方面的研究现状进行分析从而进行改进与完善。

为了分析研究电磁波在土层介质中的传播特性，需准确掌握水—电导率—极化效应之间的理论关系，这对于推导、模拟其理论特征乃至采集真实的反射特征至关重要。除两极地区外，介电常数正是表述该理论关系的重要物理量。

天然土层均为混合介质。由于混合介质每一种成分本身的介电性质均不同，导致混合介质的介电常数取值困难。自 1989 年以来，经典的思路是将每一种介质假定为均质的带电小粒子，每个小粒子有体密度和占空比，通过建立电场平衡等式再反推得到介电常数的自洽公式，如：适用于疏松混合介质的 Rayleigh 公式和适用于致密混合介质的 Sihvola 公式。

上述经典求解需将每一种介质都假定为均质，然而实际中的混合介质组成成分并非都是均质的，这显然与实践之间存在一定的差异且给现实求解带来了困难。为了解决这一问题，根据 Ward 的证明，先建立极化求解模型再反求介电常数的方法被 Debye 等人正式提出，并由此先后建立了 Debye 模型、Cole-Cole 模型和 Jonscher 参数化模型。与经典求解公式相比，这些求解模型抓住了介质的极化特征，基本明确了水—电导率—极化效应之间的理论关系。基于这一思路，国内外相关学者开展了分析研究并在波形图像的响应特征方面取得了丰硕成果，进行了成熟的应用。

姚显春通过设置不同采集参数进行采样，递推反算得出电磁波在不同深度中传播的修正速度，并对各地层的介电常数分布散点进行归纳，通过拟合分析得出了不同时间窗口路径下的回波频率与相位的变化特征规律。该研究的基本思路是通过波速对波形特征进行反推，充分利用了波速的波动规律，但并没有考虑介质的电导率影响。对此，Kargas 以砂质土壤为对象，通过线性模型预测土壤溶液的电导率对表观介电常数的影响，发现介电常数与土壤体积含水率的关系跟土壤类型有关，电导率与波形响应之间存在强线性关系。苏立海以隧洞碎石软弱土混合介质为依托，通过经验公式和现场反射测试分析了该碎石软弱土混合介质含水率与介电常数的函数关系，进而模拟分析了碎石在不同含水率条件下的振幅、相位特征。可见，姚显春、Kargas 以及苏立海的研究初步揭示了土层类型及其内部富水对波形响应特征的影响性。

在此基础上，张崇民依托灰岩围岩典型不良地质体，建立溶洞、裂隙和破碎带的数值模型进行正演模拟分析，获得响应特征后再基于全波形反演方法对正演模拟数据进行处理，得到了瞬时相位、波速等特征。李君建依托人造砂岩岩芯，研究了含水率与孔隙度、矿化度之间的关系，基于 Maxwell-Garnett 理论给出了适用于砂岩的富水多孔隙度环境下的强弱反射以及频率特征。吴霞以图步信至霍林郭勒一级公路为依托进行现场实测，基于实测数据采用统计的方法分析了不同风化程度灰岩的回波频率、振幅分布等波形特征，结果表明相同风化程度的围岩在反射强度、图像清晰度等方面具有相似特征。Iván Puente 针对围岩易受富水不利因素的影响，采用地质雷达对围岩的内部含水情况和裂隙发育情况进行探测，得到了不同富水条件下围岩的地质雷达图像波形判读特征。由此可见，人们越来越认识到波形响应特征与含水率以及土层类型具有直接关系，并且得到了部分特定土层在一定物理条件下的响应特征，与姚显春、Kargas 以及苏立海的研究结果相比，进一步指出了相对明确的影响关系及其特征。

为了深化上述认识，Lalague Anne 对加利福尼亚水电站引水隧道花岗岩围岩中的裂隙发育情况进行了调查，分析得到了 11 种不同形态围岩裂隙在不同富水条件下的回波速度变化特征、瞬时相位特征和瞬时频率等波形判读特征，指出随着含水率的逐渐提高，回波的能量和有效反射会逐渐降低。更进一步地，Li 基于玄武岩围岩实测，建立了节理裂隙形态—填充水—雷达波反射特征模型，发现了波速分布、频谱范围等波形特征，得到了水—电导率—回波主频变化特征曲线，与李术才等人的研究结果基本一致。此外，M. Solla 利用电磁回波能量叠加与分离原理，设计了电磁回波循环—反射模拟程序，以灰岩围岩地层为参照构建了模拟地层，基于电导率推导了电势差—场强极化理论模型，并通过实验得到了与含水率相对应的振幅峰值范围、主频范围、同相轴形态等特征，结果与 Dobson 和 Kong 的理论研究结果是相近的。

上述研究及应用结果共同表明，对于特定类型的土层，含水率及受其影响的电导率是影响其波形响应特征的关键因素，人们已经对这一发现进行了广泛验证和认可，且相继探索掌握了较为明确的判读特征并进行了工程应用。

然而，上述研究所涉土层多为岩溶破碎带、砂岩等非盐渍土，电导率不受可溶性盐的影响，且多集中于研究含水率单因素条件下与波形特征的变化关系，但在正温条件下盐渍土的电导率受含水率、可溶性盐的溶解度及其埋深梯度的共同影响，电磁回波的响应究竟呈现何种特征，还需进一步明确并逐步解决。

为此，徐爽在人工调配盐渍土的基础上，通过室内重塑土的介电常数试验，研究了初始含水率、干密度和含盐量等因素对介电常数的影响，建立了影响关系曲线。该研究在建立盐渍土富水与介电常数的影响关系方面进行了初步探索和尝试，但并不涉及电磁波的耦合作用。与此相比，赵学伟配制了不同含盐量浓度的人工盐渍土，使用地质雷达对不同配土实施探测并分析土壤介电常数与振幅的变化规律，发现盐的增加会加大土壤的介电常数，并逐层减弱探测图像的振幅。可以看到，该研究考虑了含盐量的影响，并且得到了振幅这一单项特征的变化基本规律。振幅变化特征是描述反射强弱的重要指标，但电磁回波的波形图像特征还包括了主频特征、同相轴特征、相位特征等重要指标，单一特征不利于实施更加全面有效的判读。

对此，M. M. Bessaim 基于盐渍土可溶性盐的电化学去除实验，在保持含水率不变的条件下配制了 5 组不同含盐量的探测样品，经探测、分析得到了相应的相位特征、反射系数范围、振幅峰值范围以及能量衰减规律等多个重要的波形特征。与徐爽、赵学伟的研究结果相比，该研究获取了多类型波形图像特征，更有利于实际判读分析，但未考虑天然盐渍土真实含水率的动态变化，也就限制了研究成果的实际应用。

为了弥补这一不足，Wen 以硫酸盐渍土路基为依托，基于现场实测和模型实验研究了 3 组不同含水率和 5 组不同含盐量条件下的波形图像特征，获得了相应的强弱反射、清晰度和振幅幅值等关键特征。在此基础上，又以探测适用性为出发点研究分析了天然粗粒混合钠盐盐渍土的相关波形图像特征，研究结果为工程实际应用提供了较好的参考。与此类似，Klouche 以黄土为母土配制了不同浓度的硫酸盐渍土，并利用配备高频发射天线的地质雷达对盐渍土进行探测，分析得到了不同浓度条件下的零点位置变化特征以及能量衰减规律。

上述研究丰富、完善了针对盐渍土的判读识别标准，对后期的理论研究和工程应用具有积极作用，但不足之处在于：多数研究集中于波形的图像特征，较少对隐藏于图像特征中的数字特征进行研究，这对目前倡导的智能化判读识别研究形成了障碍。

此外，现场探测参数对探测结果会产生重要影响。为此，温世儒以在建岩溶隧道为依托，根据电磁衰减和足印限制理论，通过现场实测与验证分析得到了适用于掌子面前方边墙位置溶洞现场探测的诸如天线移动速度、时窗、采样点数、天线发射率等参数。Lalagüe 针对花岗岩隧道顶部和衬砌内部的病害，通过现场测试分析了 6 种不同探测参数下的探测效果，经评估确定了最优入射中心频率等探测参数。Henzinger 采用地质雷达和数值模拟手段对盾构施工时开挖断面周边的空洞实施了探测研究，获得了空洞填筑碎石不同含水率条件下的探测参数。

毫无疑问，诸如此类研究对于提高非盐渍土层中病害探测的可靠性具有重要作用，但盐渍土的电性质同时受水—温度—含盐量的共同影响，入射电磁波与盐渍土层发生极化后的电磁损耗与色散特征不同于非盐渍土，导致反射回波的特征产生改变。显然，非盐渍土地层中病害的现场探测参数设置并不适合于盐渍土，而当前关于盐渍土地层病害的探测参数设置研究明显不足。探索盐渍土地层中各类病害的有效现场探测是当前需要开展的重要工作。

基于大量的工程实践判读分析，人们已经意识到了当前地质雷达探测图像人工判读所存在的一个显著缺陷，即对判读人员的主观性具有很强的依赖。具体而言，不同的判读分析人员由于其实践经验和专业知识储备的不同，即使面对相同的地质雷达图像，其判读结果也容易存在一定程度的差异性，甚至得出完全不一致的判读分析结果，这一缺陷难以保证判读结果的客观性和准确性。

为了规避这一不足，Liu 运用改进的双正交小波构造了地质雷达信号定量分析的最优双正交小波基，提出了基于该小波基的信号定量分析法（QAGBW 法），并成功将该法应用于模拟信号和实测信号的定量分析中。考虑到地质雷达回波易受噪声等外界干扰，Tzanis 采用曲线变换（CT）方法对反射回波实施增强处理，然后采用多尺度计算模型提取识别了不同孔径裂缝、断层以及不同层理的反射信号。

Liu 和 Tzanis 的研究主要集中于采用抑制干扰噪声的手段对反射回波的定量特征实施提取，其关键点在于抑制干扰噪声。与之不同的是，高永涛则通过时域、频域及时频域三个维度的对比分析，确定了最大振幅幅值及其位置、能量及 IMF1 分量为信号辨识的 6 个典型特征，再通过二分类模型以隧道围岩为例成功实施了自动识别。二分类模型自动识别的一个关键要求是，探测地层的电导率及其介电常数应保持相对稳定，而天然盐渍土显然难以满足这一要求。

上述研究有利于避免人工定性判读的不足，但相关智能识别方法并不适合于盐渍土，且所涉及的定量特征依然属于波形属性的范畴。

与之不同的是，温世儒以钢拱架探测图像中的典型双曲线特征为例，采用 BP 神经网络建立了双曲线识别训练模型，并基于判识重构后的双曲线灰度图像，利用 MATLAB 对灰度图像的颜色直方图特征进行了成功提取。在此基础上，针对探测图像中的多数非典型特征，又采用均值聚类技术对探测图像进行分解与重构，并将重构后图像中的频率信息转化为颜色特征分布系数，并对颜色特征进行了提取及实现了自动判读。

与 Liu、Tzanis 和高永涛的研究相比，温世儒的研究虽然只提取了颜色特征这一单项数字特征，但其研究实现了从波形图像特征的提取到与之相对应的数字特征提取的转变，这为实现智能化判读奠定了良好的基础，但与此类似的研究在目前还很不足。

地质雷达在探测过程中需向地层发射高频电磁波，并通过对反射回波的特性进行分析、提取从而对地下目标进行识别。在电磁波传播过程中，信号易受到人为因素和自然环境的干扰，给后期雷达数据的分析带来很多困难。如果将发射的电磁波作为系统的输入信号，接收到的反射回波作为系统的输出信号，那么地下的各种介质就相当于一个复杂的滤波器，经过该滤波器后的电磁波信号在没有经过信号特殊处理时，无法对地质环境做出解释。因此，对于接收到的电磁波，必须有效地进行处理以去除信号中存在的噪声，才能提供优质的数据以及各种有用的参数，从而对地质信息做出合理判断与解释。

近几年，深度学习作为机器学习的一个新领域，是当前机器学习领域最前沿和热门的课题之一。卷积神经网络(convolutional neural networks，CNN)、小波变换等作为深度学习的方法之一，在图像分类、目标检测、图像理解领域取得了卓越成绩，国内外也逐渐将深度学习应用于地质雷达数据处理相关领域。

1962年，Hubel 和 Wiesel 通过对猫视觉皮层组织的研究，首次从生物视觉认知角度提出了感受野的概念。感受野虽然只在输入空间起局部作用，但是却能极好地挖掘出输入图像中的特征。1980年，Kunihiko Fukushima 在感受野的基础上提出了卷积神经网络的前身——自组织多层神经认知机。作为一种线性分类器，它是人工神经网络最简单的一种形式，也是首次将感受野引入到神经网络领域。感知机的优点在于可以通过自身的学习对物体进行大致的概括和归纳，但由于算法本身的局限性，当存在遮蔽、位移和旋转等干扰时，不能进行有效可靠的识别。

为此，Lecun 等人提出了 Lenet-5 模型。该模型通过卷积层将原始图像的局部信息提取并传输到高层从而形成特征图，并通过下采样层对特征图进行池化，最终将所得到的特征进行分类。基于卷积层，卷积神经网络能够在图像不经过预处理的情况下从原始图像中提取有效特征，并经过多层隐层传递从而得到更高层特性。Lenet-5 促进了卷积神经网络在图像、语音、自然语言处理等方面的应用。近年来，随着与传统算法的深度结合及迁移学习的融入，新的神经网络模型不断被提出，如 VGG、Goog-Lenet 等模型。

小波理论是一个多领域、多学科的交叉产物。相对于傅里叶变换，小波分析在信号处理领域的优势在于具有良好的局部时频分析特性。正是由于此特性，小波分析成了信号处理领域不可或缺的工具。作为实际工程应用之一的雷达信号处

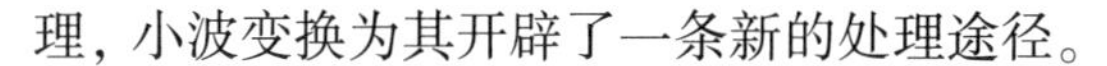

理，小波变换为其开辟了一条新的处理途径。

傅里叶变换将时域和频域特征相互联系，但傅里叶变换是一种全局变换，更适合于分析信号的整体特性，无法更好地分析信号的局部特性。实际工程应用中，信号往往都是非平稳的，许多重要信息往往存在于信号的不规则结构中。对于非平稳信号的处理，傅里叶变换的劣势就明显体现出来。小波变换不仅能够同时进行时域与频域分析，而且小波变换的局部时频分析特性能够有效地对非平稳信号中的突变和噪声进行区分。因此小波分析特别适合非平稳信号，如地质雷达信号的处理。

1.3　存在的主要问题

毫无疑问，上述研究内容和取得的成果对于地质雷达现场探测和后期判读分析都具有十分重要的理论参考及实践指导意义，但就目前而言，还存在如下不足：

(1) 在正温条件下，水、含盐量会对盐渍土的电导率及其介电常数变化关系产生动态性影响，而当前大部分研究并未考虑这一问题，并没有从含水率、含盐量出发对地质雷达的探测适用性作出评价。

(2) 在实际探测中，探测网络的布置以及相关探测参数的取值设定多采用系统推荐值或参考选用非盐渍土地层的探测参数，而盐渍土的介电常数是一个随着含水率、含盐量动态变化的变量，这就导致系统推荐值或适用于非盐渍土地层的探测参数未必适用于盐渍土地层。

(3) 在波形判读特征方面，一是多数研究仅单一地对雷达连续线测与点测特征进行定性分析，较少涉及定量分析；二是波形特征指标单一，综合对反射振幅、回波中心频率范围、波速变化规律等多特征进行综合性分析的研究较少。

(4) 多数研究集中于波形的图像特征，很少采用图像处理技术对隐藏于波形图像中的诸如纹理、灰度值、颜色特征向量等数字特征进行提取，相关判读分析标准依然停留于波形图像特征，缺乏定量的数字判读特征。

(5) 在判读方式上，依然以人工判读为主，而这种判读方法易受判读人员的个体主观性和经验性影响，难以保障判读分析的客观性和有效性。基于数字判读特征的智能化判读方式可有效地避免主观性和经验性影响，但目前的研究还很不足。

为此，本书以新疆、陕西地区部分正温盐渍土为研究对象，研究地质雷达在不同水—盐环境下的现场探测技术、波形图像特征、波形数字特征及智能化判读。基于实际场地开展实测并构建室内探测模型，探索波形图像特征规律；引入图像处理技术对颜色直方图等特征进行提取，建立对应的波形数字特征；采用BP神经网络、小波变换、改进的卷积神经网络等深度学习算法构建识别模型，建立探测图像的智能化判读方法。研究成果对提高正温条件下盐渍土的地质雷达探测准确性及实现智能化判读具有较为重要的理论意义和指导作用。

第 2 章 地质雷达探测基本理论

地质雷达具有探测速度快、对探测目标破坏小、精度高和操作便捷等优点，于 1910 年被正式提出，并在 20 世纪 70 年代得到了迅速发展。本章在分析已有研究成果的基础上，对地质雷达的基本探测理论进行总结归纳。

2.1 地质雷达基本组成

地质雷达主要由计算机控制系统、控制单元、发射机及发射天线、接收机及接收天线 4 大部分组成，基本结构如图 2-1 所示。

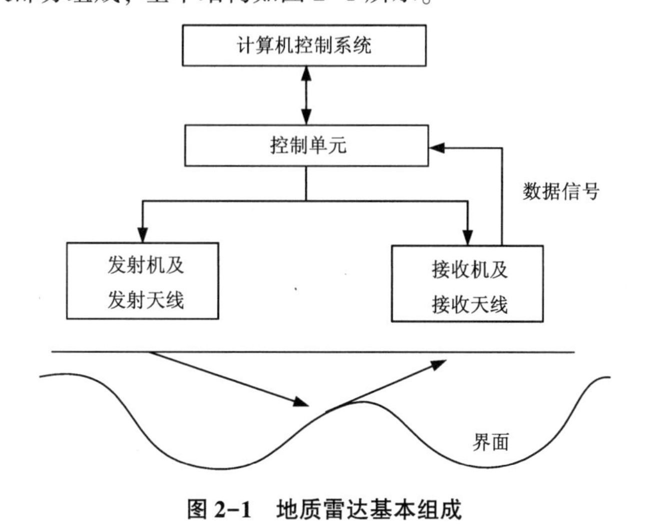

图 2-1 地质雷达基本组成

计算机控制系统主要用于设置相关探测参数及对反射回波数据进行显示。控制单元主要用于向发射机发送和接收控制命令(包括起止时间、发射频率等)。发射机的功能在于根据主机的命令产生高频电磁波并传输给发射天线，再由发射天线向目标地层进行发射传播。接收机用于接收由各种介质反射回来的电磁波，并将电磁波信号传输给计算机控制系统。

2.2 地质雷达工作原理

2.2.1 电磁学理论

地质雷达技术的理论基础是电磁波基本理论。麦克斯韦方程组从数学上描述了电场与磁场的关系，为定量分析地质雷达探测性能提供了理论依据。地质雷达发射的电磁波在地层中传播时必须满足麦克斯韦方程组，如式(2-1)所示。

$$\begin{cases}\nabla\times\boldsymbol{D}=\sigma\\ \nabla\times B=0\\ \nabla\times H=J+\dfrac{\partial\boldsymbol{D}}{\partial t}\\ \nabla\times\boldsymbol{E}=-\dfrac{\partial B}{\partial t}\end{cases}\tag{2-1}$$

式中，$\boldsymbol{E}$ 为电场强度矢量，单位：V/m；B 为电磁感应强度，单位：T；J 为电流密度，单位：A/m^2；$\boldsymbol{D}$ 为电位移矢量，单位：C/m^2；H 为磁场强度，单位：A/m；σ 为电荷密度，单位：C/m^3；t 为时间，单位：s。

式(2-1)被称为非限定形式的麦克斯韦方程组。在求解过程中，仅给出 J 和 σ 是求不出 $\boldsymbol{E}$、B、H 和 $\boldsymbol{D}$ 四个未知量的。因此，还需要建立、引入介质的本构关系。对于各向同性且线性均匀的介质，其本构关系如式(2-2)所示；对于碎裂、散体材料等各向异性的介质，其本构关系如式(2-3)所示。

$$\begin{cases}\boldsymbol{D}=\varepsilon\boldsymbol{E}\\ B=\mu H\end{cases}\tag{2-2}$$

$$\begin{cases}\boldsymbol{D}=\varepsilon\cdot\boldsymbol{E}\\ B=\mu\cdot H\end{cases}\tag{2-3}$$

式中，ε 为介电常数，单位：F/m；μ 为磁导率，单位：H/m。

将式(2-2)、式(2-3)代入到式(2-1)中，可以得到一个新的麦克斯韦方程组，该方程组只含 $\boldsymbol{H}$、$\boldsymbol{E}$ 两个矢量场，如式(2-4)所示。

$$\begin{cases}\nabla\times\boldsymbol{E}=-\mu\dfrac{\partial\boldsymbol{H}}{\partial t}\\\nabla\times\boldsymbol{H}=J+\varepsilon\dfrac{\partial\boldsymbol{E}}{\partial t}\\\nabla\cdot(\mu\boldsymbol{H})=0\\\nabla\cdot(\varepsilon\boldsymbol{E})=\rho\end{cases}\tag{2-4}$$

式(2-4)称为具有限定形式的麦克斯韦方程组。由该公式可以看出，随着时间的改变，变化的磁场会产生电场，而变化的电场又会产生磁场。麦克斯韦方程组简单的解释就是，相互激发的磁场和电场以一定的速度及频率向外传播从而形成一系列的电磁场脉冲，这就是电磁波的形成原理。

当传播介质为线性、均匀的非导电体时，ε、μ 将变为常数，且 $\sigma=0$，此时式(2-4)可进一步简化为式(2-5)。

$$\begin{cases}\nabla\times\boldsymbol{E}=-\mu\dfrac{\partial\boldsymbol{H}}{\partial t}\\\nabla\times\boldsymbol{H}=\varepsilon\dfrac{\partial\boldsymbol{E}}{\partial t}\\\nabla\cdot\boldsymbol{H}=0\\\nabla\cdot\boldsymbol{E}=\rho\end{cases}\tag{2-5}$$

此时，在等式$\nabla\times\boldsymbol{E}=-\mu\dfrac{\partial\boldsymbol{H}}{\partial t}$两边同时做乘法运算，得到

$$\nabla\times(\nabla\times\boldsymbol{E})=\nabla\times\left(-\mu\frac{\partial\boldsymbol{H}}{\partial t}\right)\tag{2-6}$$

再利用拉普拉斯算法对式(2-6)进行变换，可得$\nabla\times\nabla\times E=\nabla(\nabla\cdot\boldsymbol{E})-\nabla^2\boldsymbol{E}$。由于$\nabla\cdot\boldsymbol{E}=0$，于是

$$\nabla\times\nabla\times\boldsymbol{E}=-\nabla^2\boldsymbol{E}\tag{2-7}$$

将式(2-7)代入到式(2-6)中，可得到式(2-8)。

$$\nabla^2\boldsymbol{E}=\mu\frac{\partial(\nabla\times\boldsymbol{H})}{\partial t}\tag{2-8}$$

再将$\nabla\times\boldsymbol{H}=\varepsilon\frac{\partial\boldsymbol{E}}{\partial t}$代入到式(2-8)中，就可以得出$\boldsymbol{E}$的波动方程，如式(2-9)所示。同理，可得到矢量场$\boldsymbol{H}$的波动方程，如式(2-10)所示。

$$\nabla^2\boldsymbol{E}-\mu\varepsilon\frac{\partial^2\boldsymbol{E}}{\partial t^2}=0 \tag{2-9}$$

$$\nabla^2\boldsymbol{H}-\mu\varepsilon\frac{\partial^2\boldsymbol{H}}{\partial t^2}=0 \tag{2-10}$$

通过上述波动方程可以看到：电场与磁场之间是相互激发的不可分割的统一场，并以波动的形式向外传播从而形成电磁波。因此，电磁波本质上属于交替变化的电场—磁场，其传播并不依赖于具体的有形介质，属于无介质波，这与地震波等机械波显著不同。

2.2.2 传播介质的介电特性

经傅立叶变换后，入射电磁波将被变换为一系列谐波，这些谐波可以近似看作平面波。因此，电磁波在介质中传播时可以看成以平面谐波的方式进行传播。

地质雷达信号在介质中传播的实质就是高频电磁波在介质中的传播，因此研究地质雷达在介质中的传播特性，可以以平面波的传播特性作为理论研究基础。电磁波在同一种介质中传播时，信号波形不会发生变化，没有相位的转变和能量的衰减。当电磁波遇到不同的介质时，由于分界面处介电常数、衰减系数等电性质的不同，会引起波形的变化。介质与介质之间属性差异越大，电磁波在两种介质之间的反射系数就越大，反射回的电磁波震荡就越强烈，波形变化越剧烈。基于这些波形变化的处理分析，能对地质条件作出相应的解释和分析。

土层是由固体矿物、水和气体共同组成的集合体，具有显著的碎散性、孔隙性和天然性，因而天然土层的地质条件是非常复杂的。这种复杂性导致入射电磁波在传播过程中的物理特征也十分复杂。事实上，在土层分界面处，电磁波传播时不仅仅产生反射，同时会有频散现象，由麦克斯韦第一方程的复数形式可得式(2-11)。

$$\tilde{\varepsilon}=\varepsilon\left(1-\mathrm{j}\frac{\sigma}{\omega\varepsilon}\right) \tag{2-11}$$

式中，ε为岩土材料的相对介电常数；$\tilde{\varepsilon}$为复介电常数；σ为材料的电导率，单位：S/m；ω为角频率，单位：rad/s。

通过式(2-11)可以看出，岩石的复介电常数并不是定值，而与 ω 相关。$\tilde{\varepsilon}$ 的实部代表位移电流的贡献，它不引起功率损耗，但虚部代表传导电流的贡献，将引起能量的损耗。当 ω 升高时，电流值也会相应升高，因此电磁波传播过程中能量一定会衰减。在分析电磁波的衰减现象时会发现，这种现象的发生并不是某个单一元素造成的，而是由电磁弛豫性质、电导率和介电弛豫性质等众多因素造成的，其中电导率对衰减的影响较大。电磁波能量的衰减包括电能和磁能的衰减，并且二者衰减的机理相似。

对于电磁波而言，自然界的介质可以分为无损耗介质和有损耗介质。大量的研究和实践证明，可以采用三个参数来描述有损耗介质的衰减特性，即复介电常数、品质因子和衰减系数。这三个参数并非两两相互独立，只是从不同的角度采用不同的方法来描述电磁波的衰减特性。

表 2-1 列举了电磁波在一些常用介质中传播时的部分物理参数。

表 2-1　电磁波在部分介质中的传播参数

介质	相对介电常数	电导率/($S \cdot m^{-1}$)	传播速度/($m \cdot ns^{-1}$)
空气	1	0	0.013
海水	80	30000	0.101
湿砂	20~30	0.11~2	0.106
石灰岩	4~8	0.15~2	0.112
淤泥	5~30	1~100	0.107
花岗岩	4~6	0.01~1	0.13

电磁波在有耗介质中传播时，介质的吸收作用使其能量衰减，限制了电磁波的传播距离。电磁波能量的衰减速度取决于衰减系数，与电导率成正比。与土壤不同，岩石的衰减系数变化范围很小，电阻率主要受含水饱和度和矿化度的影响而呈现宽域特征的变化范围。因此，对于岩石而言，衰减系数主要取决于电导率。

2.2.3　探测原理

实际探测时，首先需要在控制电脑中输入相关探测参数，然后发射天线将按照该参数向目标地层发射入射电磁波。入射电磁波在目标土层内部传播时将不断产生反射、折射直至能量衰减至无法继续传播。因此，入射电磁场的相位、振幅、能量等参数始终处于动态变化状态，且通过反射回波的形式被发射天线中的接收器所接收。根据电磁学基本理论，土层内部的水、矿物颗粒大小、离子浓度等会直接影响电磁场的叠加耦合强度，进而直接改变电磁场的初始特征。

显然，具有不同含水率、破碎度等物理特征的土层，即便入射电磁场初始特征一致，得到的电磁回波特征也会不一样。因此，先通过信号转换器将电磁回波转换为探测图像，再通过识别分析探测图像的特征即可对土层内部的物理特征进行预测判读。图 2-2 所示为地质雷达探测基本原理的示意图。

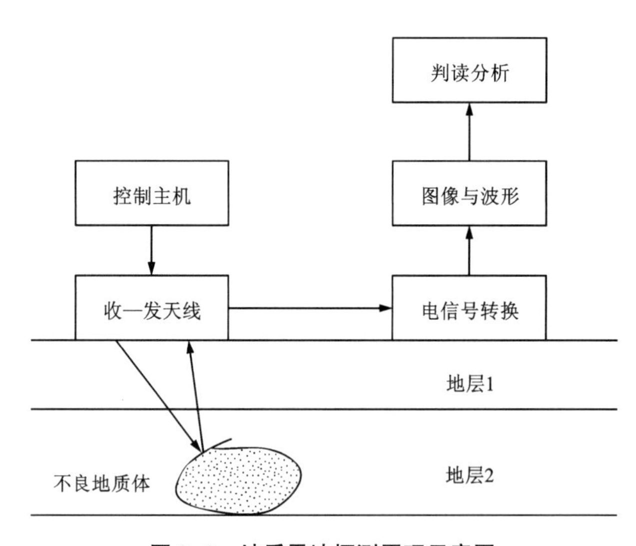

图 2-2　地质雷达探测原理示意图

2.2.4　探测性能

探测性能会影响地质雷达的实际工作可靠度和有效性，在一定程度上可决定探测成果的可行性。具体而言，地质雷达的主要探测性能包括 4 个方面，即：探测距离、分辨率、探测范围和特征参数 T。

1. 探测距离

地质雷达的探测距离，指的是在一定的发射功率和中心频率下，电磁波所能够探测到的最远距离，一般用雷达方程表示，如式(2-12)所示。

$$\frac{P_{min}}{P_{max}}=\frac{\eta_1\eta_2G_1G_2\lambda^2\sigma}{64\pi^3d_{max}^4} \tag{2-12}$$

式中，P_{min} 和 P_{max} 分别为雷达检测到的信号最小功率和最大功率，单位：dB；η_1，η_2 分别为雷达发射天线和接收天线的增益，单位：dB；λ 为电磁波在介质中的波长，单位：nm；σ 为探测物散射截面积，单位：mm^2；d_{max} 为最大探测距离，单位：m。

在实际探测过程中，由于入射电磁波存在衰减特性，因此结合该特性，公式(2-12)可进一步修正为式(2-13)。

$$\frac{P_{min}}{P_{max}}=\frac{\eta_1\eta_2G_1G_2\lambda^2\sigma e^{-4\beta d_{max}}}{64\pi^3d_{max}^4} \tag{2-13}$$

式中，β 为衰减系数；d_{max} 为最大探测距离，单位：m。

将式(2-13)进行移项变形，可改写为式(2-14)。

$$\frac{P_{min}}{P_{max}\eta_1\eta_2G_1G_2}=\frac{\lambda^2\sigma e^{-4\beta d_{max}}}{64\pi^3d_{max}^4} \tag{2-14}$$

该等式左边由雷达系统自身所决定，表征雷达系统的固有功率。对于同一个雷达系统，$P_{min}/(P_{max}\eta_1\eta_2G_1G_2)$ 值相同。由等式右边可以看出，地质雷达的最大探测距离主要与目标特性和介质因素有关，介质的相对介电常数和磁导率越大，最大探测的距离反而越小。此外，雷达发射天线的中心频率亦会影响实际探测深度，二者呈反比关系，中心频率越高，探测深度反而越小。

2. 分辨率

地质雷达分辨率(也称地质雷达分辨能力)，是指将间隔距离极小的异常介质区分开来的能力。通俗地讲，就是能够清楚地识别出来的最小异常介质的尺寸。当目标体的尺寸小于该尺寸时，雷达将无法对其进行识别探测。

地质雷达分辨率分为垂直分辨率和水平分辨率。式(2-15)所示为雷达系统一般分辨率的数学表达式，可见，一般分辨率与电磁波的传播速度成正比，与频带宽度成反比，这将导致发射天线的频带越高，其一般分辨率反而降低的现象。

$$\Delta R=\frac{u}{2\Delta f} \tag{2-15}$$

式中，Δf 为高频电磁波的频带宽度，单位：MHz/kHz；u 为电磁波在介质中的传播速度，单位：nm/s。

(1)垂直分辨率

地质雷达的垂直分辨率是指能够区分一个以上竖向反射界面的能力，用时间间隔表示，如式(2-16)所示。

$$\Delta t=\frac{1}{B_{\text{eff}}} \tag{2-16}$$

式中，参数 B_{eff} 为接收频谱的有效带宽，单位：MHz/kHz。

假设地质雷达发射信号的电磁波脉冲宽度为 t_ω(单位为 ns)，那么它的中心频率为 $f_c=1/t_w$，一般将发射电磁波的天线频带宽度 $B_{\text{eff}}=f_c$ 转化为深度，转换算法如式(2-17)所示。

$$\Delta h=\frac{v\Delta t}{2}=\frac{u}{2B_{\text{eff}}} \tag{2-17}$$

可以看出，当电磁波在介质中传播时，u 越小、B_{eff} 越大，则 Δh 就越小，此时地质雷达的垂直分辨率就越高。一般情况下，地下介质属于不可改变的固有传播载体，电磁波在某种介质中的传播速度是相对固定的，因此要提高地质雷达的垂直分辨率，只有提高电磁波信号的带宽。然而，提高电磁波信号的带宽，又意味着入射电磁波更加容易受到外界干扰信号的干扰从而在接收器中出现假信号以至于影响真实信号的显示乃至后期判读，这是目前所存在的一个尚未有效解决的矛盾。

(2)水平分辨率

地质雷达的水平分辨率是指在水平方向上所能分辨的最小介质，图 2-3 所示为水平分辨率的基本原理示意图。图中 H、d 分别表示处于同一水平面的两个目标体的间隔距离及至地面的垂直距离。

理论和实验研究表明，地质雷达的水平分辨率应该满足式(2-18)、式(2-19)所述的理论关系。此外，随着目标体埋深的增大，其水平分辨率将逐渐降低。

$$2\sqrt{L^2+h^2}-2h\geqslant v/B_{\text{eff}} \tag{2-18}$$

$$L\geqslant\sqrt{\left(\frac{v}{2B_{\text{eff}}}\right)^2+\frac{vh}{B_{\text{eff}}}} \tag{2-19}$$

3. 探测范围

地质雷达在进行实际探测时，其发射天线将按照一定的扩散角度向目标地层发射入射电磁波，最终形成如图 2-4 所示的上小下大的形如锥形的探测覆盖范

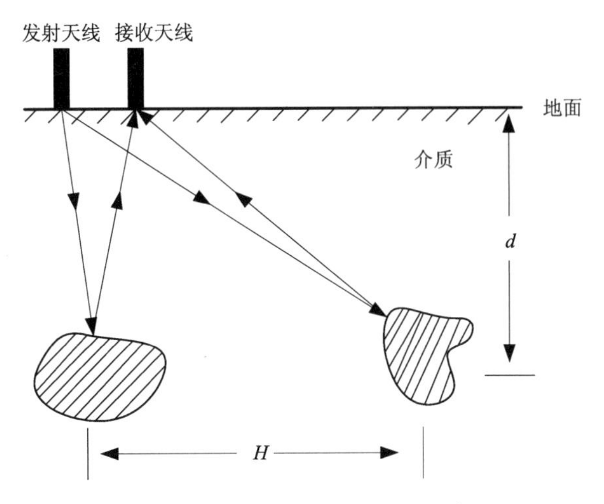

图 2-3　水平分辨率几何原理示意图

围。在这个范围内，只要目标介质的尺寸符合分辨率要求且反射能量足以产生有效的反射，那么地质雷达都能对其进行识别。图中参数 d、m 分别表示探测深度和水平向最大探测范围，单位均为 m。

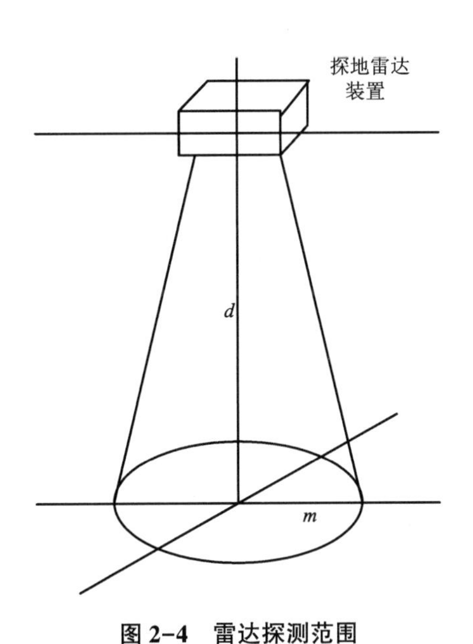

图 2-4　雷达探测范围

理论研究表明，地质雷达的探测范围可以采用式(2-20)进行估算。

$$m=\frac{\lambda}{4}+\frac{d}{\sqrt{\varepsilon_r-1}} \tag{2-20}$$

式中，ε_r 为土层介质的相对介电常数；λ 为入射电磁波的波长，单位：nm。

4. 特征参数 *T*

特征参数 T 是一个表征地质雷达系统整体性能的重要参数，可同时表示硬件系统的处理性能和软件系统的稳定性及准确性。对于不同的地质雷达系统，其探测分辨率、探测距离等性能是不同的，单纯通过某一项性能无法对不同的地质雷达系统进行对比分析，但特征参数 T 可以用于区分不同地质雷达系统的整体性能，其定义如式(2-21)所示。

$$T=\frac{d_{\max}}{l_{\min}} \tag{2-21}$$

式中，参数 $d_{\max}$ 和 $l_{\min}$ 分别表示最大可探测目标体的距离以及最小距离分辨率，单位均为 m。

当前，以美国地球物理公司生产的 GSSI 系列地质雷达和瑞典的 MALA 系列地质雷达为例，特征参数 T 的取值范围如式 2-22 所示。

$$T=\begin{cases}5\sim100\text{，低损耗介质}\\10\sim20\text{，高损耗介质}\end{cases} \tag{2-22}$$

2.3 地质雷达数据采集与显示

2.3.1 实测数据采集

目前，地质雷达实测数据的采集方式分为 3 种，即连续激发采集、定点激发采集和连续测量轮采集。

1. 连续激发采集

当采用连续激发采集时，控制电脑根据事先设定好的发射率、时间窗口、增益值、滤波值等相关探测参数向发射天线传送连续发射指令从而连续不断地向目标地层发射入射电磁波。由于入射电磁波的连续性，接收器将持续接收来自地层中的反射回波并通过电信号转换器转换为连续统一的肉眼可见的波形图像，如图 2-5 所示。这类波形图像具有显著的连续性，没有地层间断，当现场探测条件良好、场地较为平整时可适用于大范围、长距离探测，是隧道工程、道路工程、边坡工程和土壤探查应用最广的实测数据采集方式之一。

由图 2-5 可知，图中包含了颜色信息、同相轴信息、强弱反射信息等重要特征，通过这些特征可对地层条件实施判读分析以掌握地质条件。

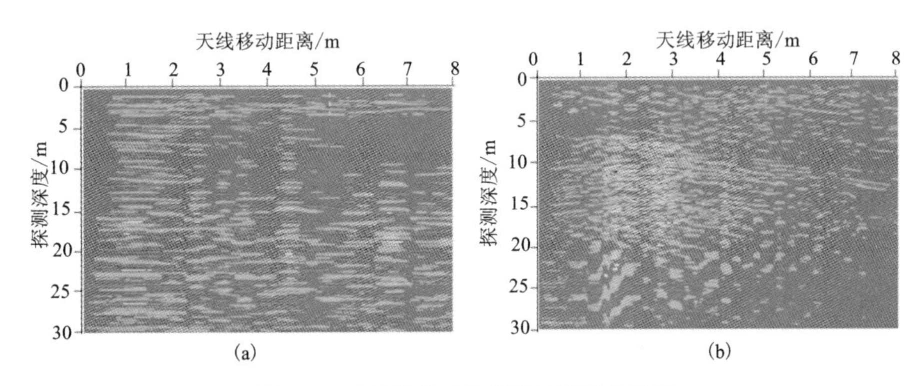

图 2-5　连续激发采集所得波形图像示例

2. 定点激发采集

与上述连续激发采集不同，定点激发采集属于点发射采集模式。当选择定点激发采集时，控制电脑并不自动向发射天线发送指令，而必须依靠人工触发的方式对指令进行发送并发射入射电磁波，触发一次即发射一次电磁波。因此，接收器每次仅接收一次来自地层的反射回波并以单道数据的形式在控制电脑中进行显示。

显然，定点激发采集无法形成连续的探测图像，但可以对某些特殊的土层位置进行探测识别，其探测目标性更强。当探测场地条件较差，不具备较为连续的平整面或者存在较多干扰物而无法开展连续激发采集时，可以采用定点激发采集模式。图 2-6 所示为典型的在定点激发采集模式下采集得到的反射波形，可见只有一道波形数据，但振幅信息非常明显。

需要说明的是，定点激发采集一次只能对一个点位置进行探测，因而采集得到的数据具有明显的离散性。为了尽可能地掌握地层的详细发育信息，在场地允许的情况下应该增加定点数量。以设计时速为 100 km/h、荷载等级为公路-I 级

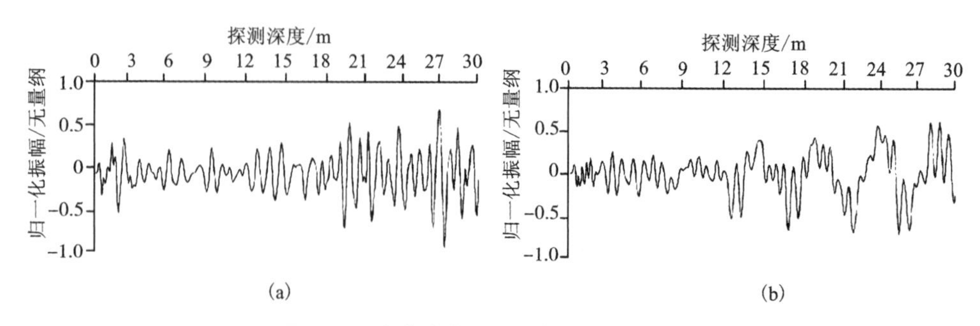

图 2-6　定点激发采集所得波形图像示例

的单项两车道高速公路隧道开挖断面为例，拱顶、边墙位置的定点数量总和不应少于 20~25 个。

3. 连续测量轮采集

连续测量轮采集是一种用于长距离、大范围且具有连续平整面的场地的特殊采集模式，常常用于路面结构探测。

在实际探测时，通常将地质雷达系统安装在一个专用的测量小车内，如图 2-7 所示。探测人员可采用人工的方式推动小车前进或者后退，也可以采用遥控的方式自动控制小车的移动速度及其方向。探测结束后亦将得到连续的探测波形图像。

图 2-7　连续测量轮采集现场示例

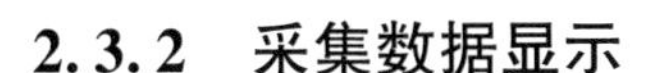

2.3.2　采集数据显示

地质雷达采集数据的显示与分析软件有关，当采用不同的分析软件时，其显示模式可能会存在一定程度的差异。当前，国内应用最为广泛的分析软件是美国地球物理公司推出的 RADAN 系列地质雷达分析软件以及青岛电波所推出的 IDSP 系列分析软件，其他的分析软件包括 REFLEXW、SEISEE 和 MATLAB 通用数字处理包等。

以 RADAN 系列地质雷达分析软件为例，采集数据的显示模式可以分为 3 类，即彩色图像显示、多道波形显示和单道波形显示。彩色图像显示及多道波形显示仅适用于采用连续激发模式采集到的数据，而单道波形显示仅适用于采用定点激发模式采集到的数据。彩色图像显示和单道波形显示分别如图 2-5、图 2-6 所示，此处不再赘述。

多道波形显示实际上是对连续采集到的波形数据按照时间序列进行依次排列得到的数据行列，可较好地显示系列振幅信息，特别适用于分析地下空洞、断层、节理和裂隙等目标体。图 2-8 所示为典型的多道波形显示示例。

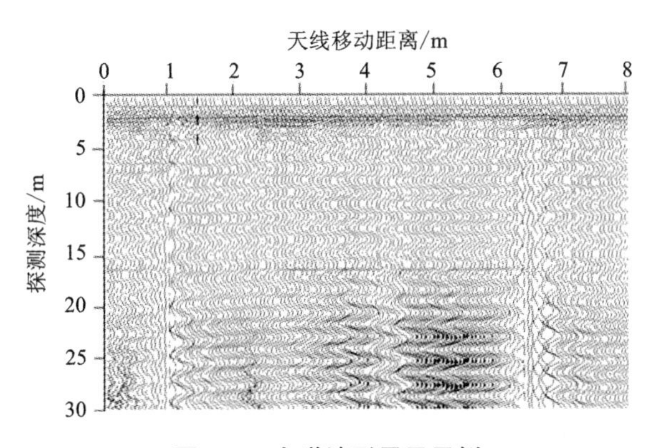

图 2-8　多道波形显示示例

此外，REFLEXW 也是地质雷达数据处理分析的常用软件，可对波形进行分解与合成操作，并可提取瞬时相位、瞬时振幅等信息。图 2-9 所示为 REFLEXW 的操作界面。

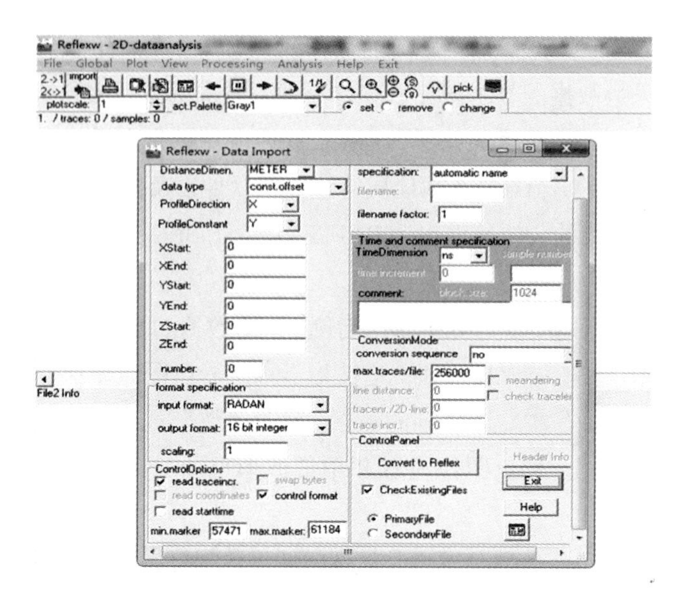

图 2-9 REFLEXW 操作界面

2.4 地质雷达数据分析技术

地质雷达属于电磁勘探技术，探测时需按照主机电脑的设定向目标地层发射具有一定频率的入射电磁波。电磁波本质上属于交替变化的电场和磁场在空间中的传播，当遇到能使电磁场发生改变的介质时，电磁波将产生反射和折射。一般而言，地层本身是由固相、液相和气相组成的三相体，三相组成分子均属带电粒子，能与电磁波产生褶积从而改变电场和磁场并据此产生反射与折射，最终被雷达系统所接收。然而，目标地层周围的金属体(台车、锚杆、钢筋网等)、管状电缆、外加电磁场等也会与电磁波产生褶积，由此导致雷达系统接收到的电磁回波不但来自真实地层，还来自外加干扰体。

干扰体造成的电磁回波会对判读分析造成不利影响，因而首先需要对原始探测图像进行时间域和频率域处理，以提高信噪比。目前，对于主流的地质雷达分析软件，其常见的处理措施包括背景去除、反褶积、道间平衡等。

2.4.1 背景去除

地质雷达发射天线内部的振荡电路在产生高速脉冲电流时存在振铃效应。振铃效应本质上是电路循环振荡时产生的附加感应电磁场，该附加感应电磁场也会随着脉冲电磁波向外传播并被接收器所接收。在反射回波的显示图像中，常常表现为连续分布的水平条状信号。图 2-10 所示为采用 1 GHz 中心频率的发射天线在潮湿沙土中采用连续激发采集方式所得到的图像，在 16 cm 深度处可见一明显的水平干扰信号。

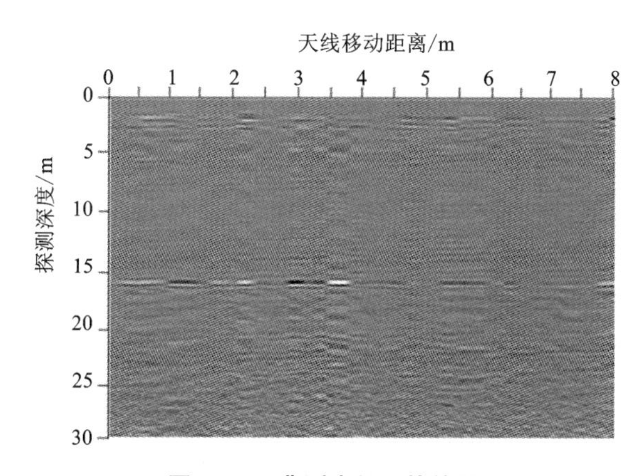

图 2-10　典型水平干扰信号

该信号与地层中真实目标体的反射信号往往叠加在一起，非常容易造成误判从而导致判读分析结果产生错误，最终无法为工程实践提供可靠的参考信息。为此，必须在判读分析的前期消除此类干扰信号。

水平干扰信号从第一个激发脉冲产生开始便被记录在接收器内，直到脉冲激发停止为止。因此，水平干扰信号不是局部干扰，而是全局干扰。理论和实践表明，对每一个数据道都用平均值去作减法的方法可有效消除此类干扰信号，其本质在于将干扰信号的影响程度"疏松化"，具体算法如式(2-23)所示。

$$x'_i(t) = x_i(t) - \frac{\sum_{i=1}^{M} x_i(t)}{M} \tag{2-23}$$

式中，$x_i(t)$ 和 $x_i'(t)$ 分别为运算处理前后的第 i 个数据道；M 为数据总道数。图 2

-11 所示为利用上述算法对图 2-10 执行背景去除运算后得到的图像，可见该水平干扰信号已经被消除。

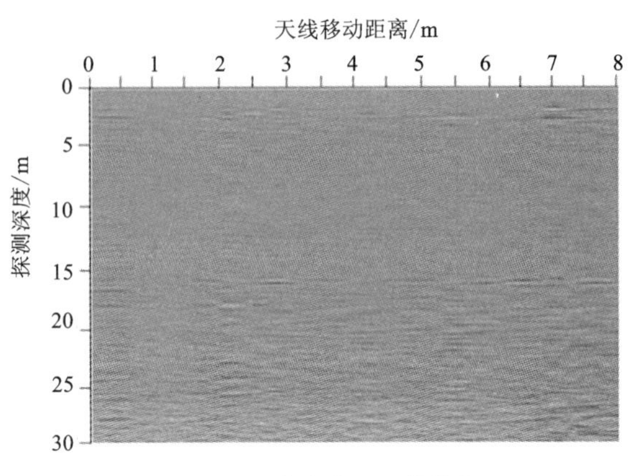

图 2-11　消除水平干扰信号

2.4.2　反褶积处理

在理想情况下，不论发射天线内部采用的是三角形发射器还是蝴蝶型发射器，电磁脉冲都属于瞬发尖脉冲，周期电流振荡一次就瞬时发射一次。然而，地质雷达发射天线同时又具有一定的带宽限制，这会导致发射脉冲无法顺利实现瞬发，而是存在一个极短的时间延迟效应。理论和实验研究证明，该时间延迟范围为 10~20 ns，假定电磁波在空气中的传播速度为光速，那么其传播距离约 0.5 m。

事实上，在如此短的距离范围内，入射电磁波所产生的回波信号极容易产生叠加从而形成多次反射信号，这很容易使人误以为是地下目标体产生的真实反射，尤其不利于对具有水平层理构造的岩土体进行判读识别。为此，必须将此类多次反射信号进行消除。

根据地质雷达扫描存储芯片的工作原理，所有的回波信息都是按照一定的时间序列进行排列分布的，因此可以先求出该时间序列，然后再对回波进行间断跳跃式抽道处理，就可以达到消除多次波的目的。

令：存储信号为 $x(t)$，发射天线产生的脉冲波信号为 $b(t)$，则二者之间存在如式(2-24)所示关系。

$$x(t)=b(t)\cdot r(t) \tag{2-24}$$

式中，$r(t)$ 正是时间序列。

图 2-12 所示为实施反褶积处理前的地质雷达探测波形图像(采用 1 GHz 中心频率的发射天线，采集方式为连续激发采集)，可见非常明显的多次波叠加反射；图 2-13 为实施反褶积处理后的对应波形图像，可见多次波被消除。

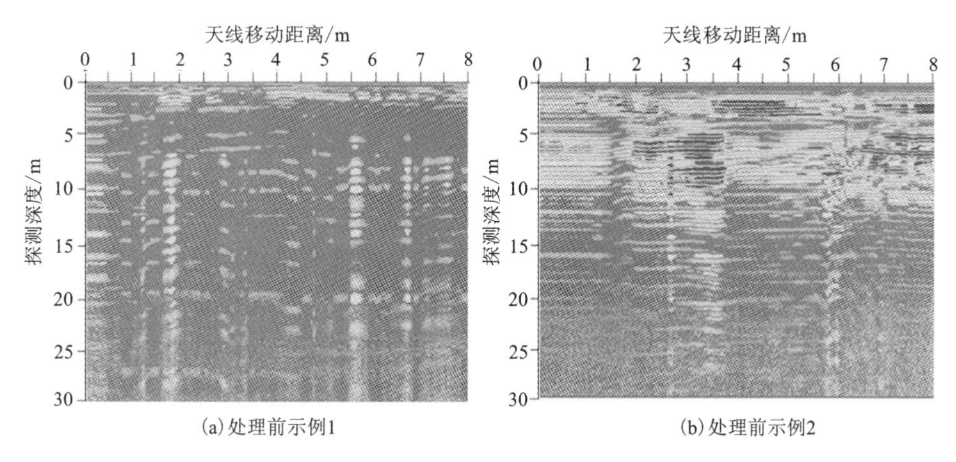

(a) 处理前示例1　　(b) 处理前示例2

图 2-12　反褶积处理前示例图像

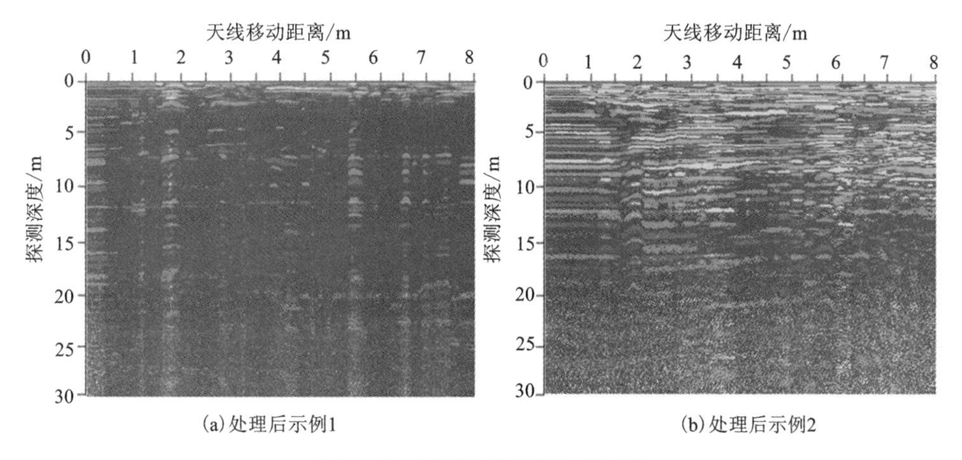

(a) 处理后示例1　　(b) 处理后示例2

图 2-13　反褶积处理后示例图像

2.4.3　道间平衡处理

入射电磁波在土层介质内部经过连续的反射和折射后，其子波的能量各不相同。按照时间序列，不同反射子波被依次存储并显示在探测图像中。事实上，不同子波的能量差异并不遵循特定的规律，某些子波甚至因能量突变而表现为畸形振幅。对于序列子波而言，这种非正常能量突变所导致的波形紊乱会严重影响信号的真实性从而造成判读错误，尤其容易将此类信号误判为断层面、水位分界面等介质临界面。

为此，必须对所有子波序列的能量进行加权均衡化处理，以便消除能量突变和畸形振幅。道间平衡处理正是一种有效的子波能量均衡技术，可有效消除此类不良信号特征，其基本原理是先求取所有子波的振幅平均值，然后利用数据道数对该值做除法运算，从而消除畸变能量、达到能量分配比例均衡化的目的。图 2-14 所示为作者于 2019 年在新疆北部某粗粒氯盐渍土场地上经实际探测所得图像，图 2-15 所示为经道间平衡处理后的对应波形图像，可见大部分多次波已经被消除，图像信息更加真实、清晰。

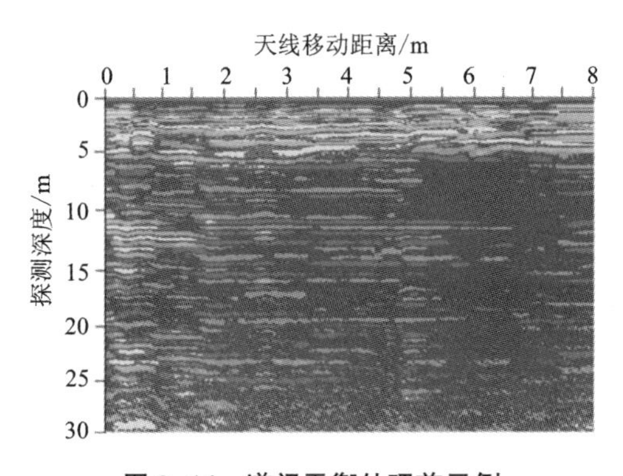

图 2-14　道间平衡处理前示例

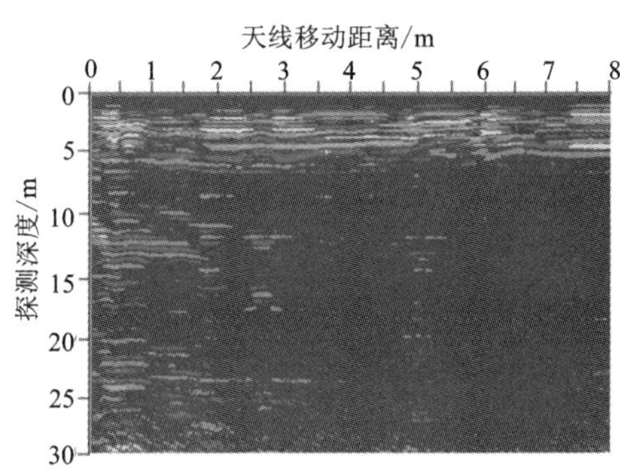

图 2-15　道间平衡处理后示例

2.4.4　道内平衡处理

根据地质雷达的探测原理可知，入射电磁波在土层介质内部传播时，其能量会不断地衰减直至无法产生反射。因此，对于浅层介质所产生的反射回波，其能量一般较强，波形振幅大且清晰度较高，而对于深层介质所产生的反射回波，其能量则一般较弱且容易出现模糊不清的特征。不论是浅层介质还是深层介质，这种现象都会导致在分析判读过程中出现误判。这种由于电磁波固有的能量衰减特性导致的特殊现象是无法完全消除的，但可以适当地进行能量缩放处理从而对不同子波道的能量进行适当地增强或者减弱。

目前的方法是对所有子波道的振幅进行加权均衡，其算法如式(2-25)所示。

$$F_j \infty \frac{f_j}{W_j},\ j=0,\ 1,\ 2,\ \cdots,\ N \tag{2-25}$$

式中，F_j 和 f_j 分别为处理后的振幅和初始振幅；$\frac{1}{W_j}$为加权系数；j 为子波序列的总数据道数。

第3章　现场探测技术与波形图像特征

基于现场地质调查，以实际场地项目为依托，综合采用理论分析、现场实测和室内模型实验，对盐渍土土壤的地质雷达现场探测技术与波形图像特征进行分析研究，以便为现场实测和后期判读分析提供相关参考。

3.1　概述

地质雷达属于一种电磁脉冲波探测技术，土层介质的电导率、含水率以及受其影响的介电常数会对电磁波的反射特征产生直接影响。为了保障探测数据的有效性，一方面要保证地质雷达系统本身的性能稳定性，另一方面要保证电磁波初始特征的合理性。为此，必须准确合理地对相关探测参数进行设定，否则难以获得有效的反射回波或者即便获得了有效的反射回波，但由于内部处理参数不准确，也会导致信号产生畸变。因此，对于地质雷达实际探测而言，准确合理地设置探测参数是保证后期判读分析有效性的基本前提和重要环节。图3-1、图3-2、图3-3所示为作者在前期探测过程中(天线中心频率为100 MHz，天线类型：收—发一体式)，由于参数设置不合理所产生的部分探测图像真实实例。

在图3-1中，可以见到大量的强反射信号，这种强反射信号从浅层地表一直延伸到地下30 m处，且无间断。单纯从该信号来看，极容易将地层判断为节理、裂隙发育的破碎地层。然而，实际钻探表明，该地层是完整性良好的石灰岩地层，节理、裂隙仅在局部较发育，无明显的地下水。因此，波形图像特征与真实的地层地质条件是不相符的。

经后期检查发现，探测时的增益模式和参数取值设置有误，导致人为地对电磁波能量进行了全域增强处理，致使原本应该呈现的弱反射信号被全局放大。

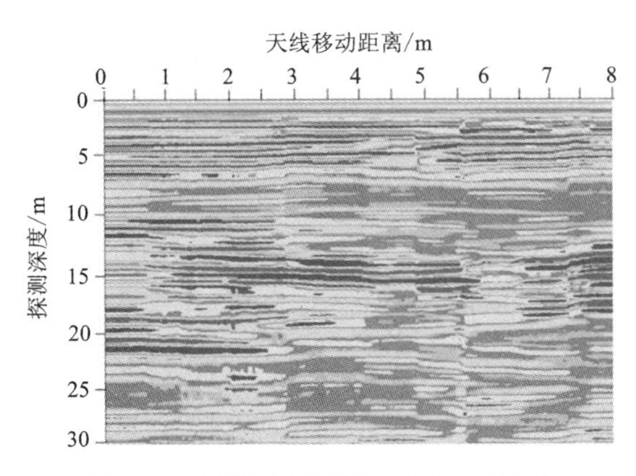

图 3-1　增益设置不合理所致图像示例

在图 3-2 中，几乎看不到有用的反射信号，全局信号微弱且离散性太强。一般认为，对于某些完整性较好、组成成分较单一的岩体，当含水率较低时，其反射信号符合这一特征。但是该地层实际上是一强风化构造带，地质勘察表明存在明显的压扭和剪切断裂面，属于典型的破碎带岩体。这种岩体应该具有非常强烈的反射信号，然而图 3-2 并不符合这一推断。

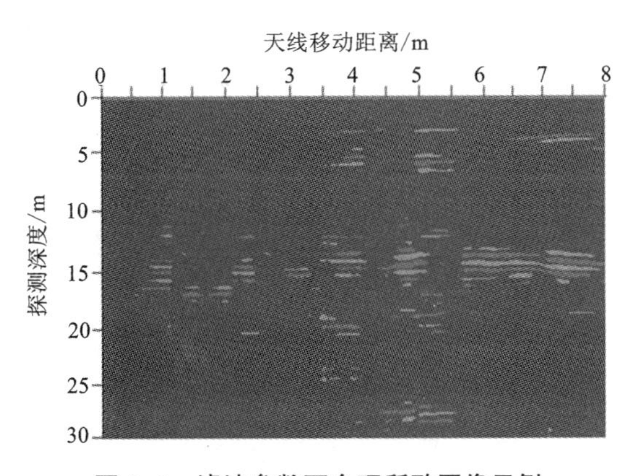

图 3-2　滤波参数不合理所致图像示例

为了查清原因，作者及其他探测人员在现场对探测参数进行了查验，结果发现控制电脑中的滤波参数没有得到及时调整，依然采用系统推荐的默认值，而该滤波参数取值并不适用于中心频率为 100 MHz 的发射天线。由此，导致接收器将大部分有用的反射回波进行了滤除处理，仅留下了少部分反射信号。

滤波参数对于反射回波的截取至关重要，既要保证有用反射子波能得到保留，又要对干扰反射子波进行截断，因此选择合理有效的滤波参数是地质雷达现场探测的关键步骤之一，在实测时需加以重视。

在图 3-3 中，整个波形图像信号出现了分段，0~10 m、20~30 m 内均存在较为丰富、连续的探测信号，同相轴的完整性、连续性较好，可判性佳。然而，10~20 m 内出现了反射信号中断的现象，在该范围内几乎不存在有用的反射信号而表现为空白区域。工程实践和研究表明，对于某些体积较大的非填充性空洞，入射电磁波在空洞内部传播时并不产生有效的反射，只在空洞的前、后洞壁交界面处会产生显著的强反射，而且在探测波形图像上会表现为典型的双曲线形态。然而，图 3-3 并不存在此类双曲线特征，甚至连双曲线的任意一个分支曲线也不存在。

因此，该地层中存在空洞的可能性较低，而后续的超前钻孔也表明该地层不存在空洞。显然，这一探测波形图像所表现出来的非正常特征极有可能是由设置了错误的探测参数所导致的。为此，作者在后续处理过程中调阅了现场探测参数，发现增益曲线存在严重错误，不符合指数函数增益特征，第二个增益点的取值被设定为-60 dB。这一设置相当于对 10~20 m 内的反射波能量进行了强烈压制，从而导致无反射信号这一不正常现象的出现。

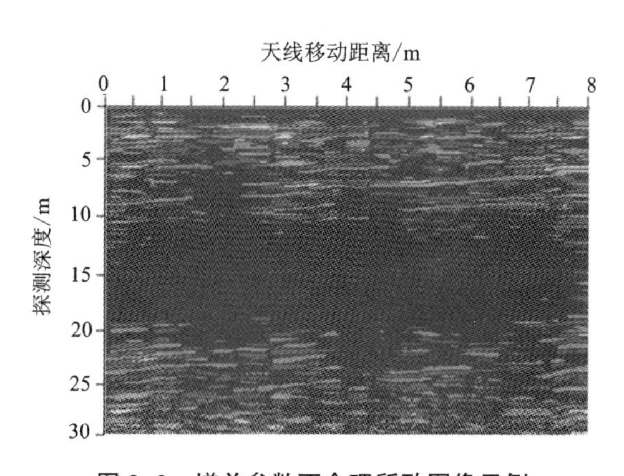

图 3-3　增益参数不合理所致图像示例

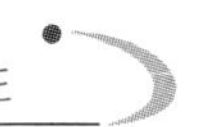

通过作者在前期完成的上述实际探测实践示例可知，探测参数的准确性、合理性是保障获得有效探测数据及判读分析结果的重要基础。对于地质雷达超前探测方面的工作人员而言，务必始终重视探测参数取值的科学性、合理性问题。

3.2　探测参数设定

基于现场实测和室内模型实验，对相关探测参数的设置进行研究分析，从而确定合理的参数取值范围，包括天线中心频率、时间窗口、采样间隔以及电磁波发射率等。

3.2.1　天线中心频率

天线中心频率也称地质雷达发射天线的中心频率，是发射天线的固有设计频率，表征初始入射电磁波的主频率。天线中心频率的选择，理论上除了要考虑探测深度外，还要考虑空间分辨率以及抗干扰能力这两个重要因素。

就探测深度而言，理论和工程实践都表明，探测深度与天线的中心频率呈反比关系。中心频率越高，其探测深度反而下降，具有如式(3-1)所示的理论关系。

$$f_D=\frac{1200\sqrt{\varepsilon_r-1}}{D} \tag{3-1}$$

式中，D 为探测深度，单位：m；f_D 为根据探测深度换算所得天线中心频率，单位：MHz；ε_r 为相对介电常数，无量纲。可以发现，随着探测深度的逐渐提高，天线的中心频率将逐渐下降。

在现场实测时，地质雷达容易受到干扰，而且天线的中心频率越高，这种干扰程度就越显著。为此，天线的中心频率不可过高，必要的时候需要选择中心频率更低的发射天线以便增强其抗干扰能力，但是又要满足水平分辨率和垂直分辨率以及探测深度的要求。此时，可以用式(3-2)所示的理论关系来选择天线的中心频率。

$$f_C=\frac{30}{\Delta L\sqrt{\varepsilon_r}} \tag{3-2}$$

式中，ΔL 为干扰物体的最短边尺寸，单位：m；f_C 为根据抗干扰性能来推算得到的天线中心频率，单位：MHz。

式(3-1)、式(3-2)的功能在于从探测深度和抗干扰性能出发来对天线的中心频率进行推算。事实上，天线的中心频率在满足上述两项要求时，还必须满足一定的分辨率要求，否则无法获得满意的探测结果。为此，除满足式(3-1)、式(3-2)所示的理论关系外，还要满足式(3-3)所示的关系。

$$f_R = \frac{75}{x\sqrt{\varepsilon_r}} \tag{3-3}$$

式中，x 为地层中的最小分辨率尺寸，单位：m；f_R 为根据分辨率要求换算所得中心频率，单位：MHz。

在工程实际应用时，一般建议同时对以上三个理论公式进行推算，此时可以得到中心频率的最大值、最小值和中值。工程实践表明，选择中值频率一般既可以满足分辨率要求，又可以满足探测深度和抗干扰能力的要求。因此，一般选择中值作为实测中心频率较为合适、可行。

图 3-4 所示为作者在新疆某粗粒弱硫酸盐渍土场地上开展中心频率选择试验时得到的探测实验图像，时间窗口设置为 600 ns，即接收来自地下 30 m 处的反射回波信号。

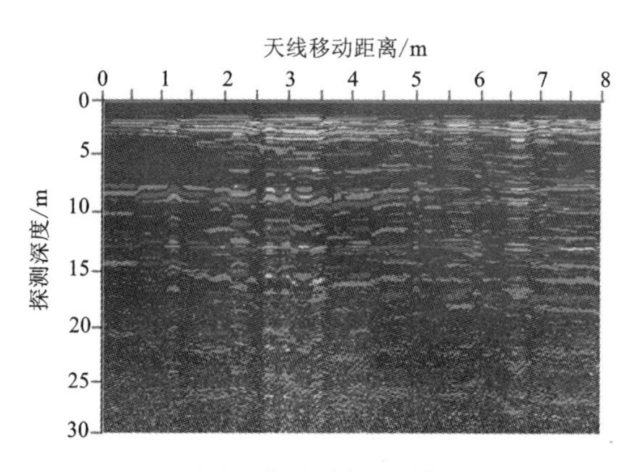

图 3-4　天线中心频率选择实验探测图像示例

该图是中心频率为 400 MHz 的发射天线所得探测图像，可见图像后半部分的反射信号非常模糊，而浅层部位的反射信号较为清晰。虽然与 100 MHz 的发射天线相比，400 MHz 频率的发射天线具有更好的抗干扰能力，但是其探测深度有限，最大有效探测深度一般为 6~11 m，远远达不到 30 m。因此，在图中的深部位置

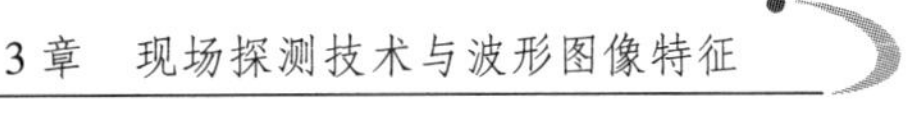

难以接收到有效的反射回波而呈现如图 3-4 所示的特征。

3.2.2 时间窗口

在地质雷达探测理论中，时间窗口是一个非常重要的关键参数。所谓时间窗口，指的是发射天线发射的入射电磁波所能传播的最远时间单位。一旦设定了时间窗口的具体取值，入射电磁波将按照该值进行传播，且接收器也将仅接收来自时间窗口范围内的反射回波。显然，时间窗口可以决定入射电磁波的传播距离。因此，在选择时间窗口的取值时，要兼顾探测深度。时间窗口的理论取值可以用式(3-4)进行推算。

令：时间窗口为 W(单位：ns)，则

$$W=\frac{2.6h_{max}}{v_{max}} \tag{3-4}$$

式中，h_{max} 为最大探测深度，单位：m；v_{max} 为电磁波传播最大速度，单位：m/ns。对于实际天然土层而言，一般具有显著的碎散性、各向异性以及孔隙性。入射电磁波在土层中传播时，其能量的损耗率可能会大于理论估算值。因此，为了保证在目标探测深度范围内可以得到有效的反射回波，通常会在由式(3-4)所得理论计算值的基础上对时间窗口进行放大，以满足探测要求。工程实践表明，一般需放大 25%~40%较为合适。

另外需要注意的是，作者虽然在上述天线中心频率选择实验中设置了合适的时间窗口，但由于天线的中心频率选择错误，导致探测波形图像出现非正常信号特征。因此，时间窗口并不是决定探测图像质量的唯一影响参数。通常，在实测中必须同时正确选择天线的中心频率和时间窗口，假如二者不匹配，则会导致探测图像出现不正常特征，影响实际判读的准确性。

表 3-1 给出了部分非盐渍土地层的时间窗口及其探测深度的一般取值(天线中心频率为 100 MHz)。可以看到，对于潮湿程度不同的介质，为了达到相同的探测深度，当介质湿度增强时，需增大其时间窗口的设定取值，也表明介质的含水率会显著地降低探测深度。究其原因，在于随着含水率的提高，介质的电导率和极化效应得到了增强，也就意味着入射电磁波在介质中传播时更加容易产生能量衰减从而减小有效传播距离。在这种情况下，为了保证探测深度，需提高时间窗口的取值。

表 3-1　部分非盐渍土地层的时间窗口及其探测深度的一般取值

项目	介质类型	探测深度/m					
		0.5	2.0	5.0	10.0	20.0	30.0
时间窗口取值/ns	中风化石灰岩	15	60	150	280	500	630
	潮湿碎石土	20	80	150	300	550	630
	干燥碎石土	10	50	130	250	510	600

作者及团队成员于 2019 年 5 月份在新疆以场地实测为依托开展了时间窗口取值实验，分析整理获得了 3 种盐渍土土壤在不同含水率下的时间窗口取值范围，如表 3-2 所示。实验时，采用美国地球物理公司生产的 SIR-3000 型地质雷达，天线的中心频率为 100 MHz，目标探测深度为 10 m、20 m、30 m。土壤的含盐量范围为 0.33%~4.2%，含水率的范围为 4.2%~28.8%。含水率和含盐量均通过室内测定试验进行测定。

表 3-2　部分盐渍土地层的时间窗口取值

项目	介质类型	含水率/%	探测深度/m		
			10.0	20.0	30.0
时间窗口取值/ns	粗粒氯盐渍土	5.3~11.0	290	520	620
		11.0~18.2	300	550	630
		18.2~22.8	310	560	650
	粗粒硫酸盐渍土	4.2~8.0	270	510	605
		8.0~12.2	300	520	610
		12.2~25.1	305	540	620
	粗粒混合钠盐盐渍土	6.6~12.0	285	520	600
		12.0~21.2	305	540	610
		21.2~28.8	320	560	640

可以看到，随着含水率的提高，时间窗口的取值也逐渐提高，这与表 3-1 中的非盐渍土地层所具有的规律是一致的，但取值更高。

3.2.3　采样间隔

地质雷达发射天线完成一次入射波的发射且采集到一道子波的过程称为一次采样。所谓采样间隔，指的就是采集反射子波的时间间隔，通常以纳秒(1 ns = 10^{-9} s)为单位。采样间隔与地质雷达系统的频带宽度有关，一般频带宽度越大则采样间隔越小，也意味着采样率越大。

实践表明，采样率过大容易导致子波序列过载，从而使某些子波信号产生溢出现象，并且容易导致削波，而采样率过小又难以保证采集到足够的反射子波信号。对于一般土层介质，根据 ANNAN 的研究成果，地质雷达的采样率应该要达到发射天线中心频率的 3~6 倍，并满足如下关系：

$$\Delta t=\frac{1000}{6f} \tag{3-5}$$

式中，Δt 为采样率，单位：ns；f 为天线的中心频率，单位：MHz。根据该关系式，国内外基于大量的工程实践发现，对于一般性的土层，其采样间隔可以按照表 3-3 进行设定。

表 3-3　一般地层的采样间隔取值

中心频率/MHz	采样间隔/ns	中心频率/MHz	采样间隔/ns
10	15	200	0.80
50	3.1	400	0.61
100	1.5	900	0.26

在此基础上，作者对 3.2.2 小节中的 3 种盐渍土地层陆续开展了采样间隔实验(天线的中心频率为 100 MHz)，结果如表 3-4 所示。

表 3-4　部分盐渍土地层的采样间隔取值

介质类型	含水率/%	采样间隔/ns
粗粒氯盐渍土	5.3~11.0	1.23
	11.0~18.2	1.32
	18.2~22.8	1.54

续表3-4

介质类型	含水率/%	采样间隔/ns
粗粒硫酸盐渍土	4.2~8.0	1.34
	8.0~12.2	1.48
	12.2~25.1	1.68
粗粒混合钠盐盐渍土	6.6~12.0	1.46
	12.0~21.2	1.59
	21.2~28.8	1.78

可以看到，随着含水率的提高，采样间隔也逐渐提高，这与电磁波能量的损耗有关。在更高的含水率下，能量损耗得更快，反射回波的能量就越弱。此时，只有加大采样间隔，才能保证子波序列信号的稳定性和真实性。

3.2.4 电磁波发射率

电磁波发射率与天线的中心频率不同，二者容易混淆。天线中心频率是入射电磁波的主频值，一旦选定了特定的发射天线，那么该值是不可更改的。入射电磁波在土层介质中经过不断地反射和折射后，其各个子波的主频值将产生振荡而各不相同，并最终被接收器所接收。

电磁波发射率指的是在现场实测时，发射天线向目标土层发射电磁波的频率，表征发射电磁波速度的快慢，与电磁波本身的主频没有关系。理论研究证实，电磁波发射率与地质雷达系统的整体功率和接收反射回波的效率有关。在整体功率较强的情况下，可以适当地提高发射率，但必须与接收器的接收效率相适应，否则会导致回波序列出现紊乱叠加。

当前，国内外的地质雷达系统一般采用两种电磁波发射率，即 50 kHz 和 100 kHz。在现场实测时，在综合考虑探测深度、时间窗口的基础上可自由选择。这两个发射率与大部分地质雷达系统的功率和天线的接收效率是匹配的，可保证子波序列不出现紊乱效应，这在作者以粗粒氯盐渍土场地开展的探测测试实验中得到了验证，可用于多数盐渍土土层的实测。

3.2.5 叠加系数

如前所述，发射天线发射的入射电磁波在土层介质中经过不断的反射和折射

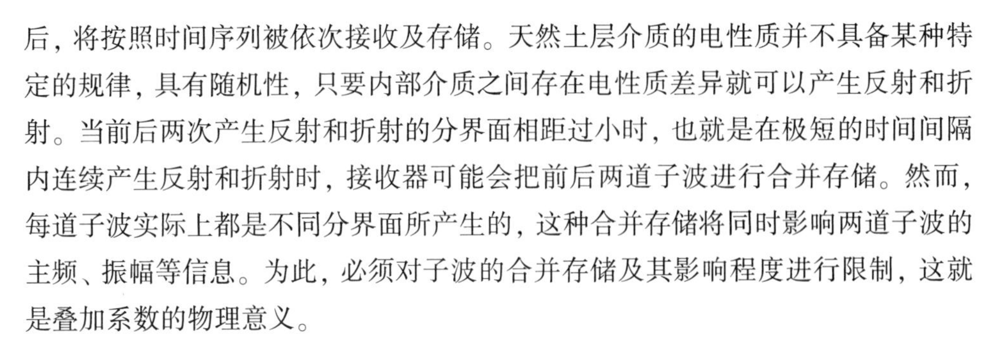

后，将按照时间序列被依次接收及存储。天然土层介质的电性质并不具备某种特定的规律，具有随机性，只要内部介质之间存在电性质差异就可以产生反射和折射。当前后两次产生反射和折射的分界面相距过小时，也就是在极短的时间间隔内连续产生反射和折射时，接收器可能会把前后两道子波进行合并存储。然而，每道子波实际上都是不同分界面所产生的，这种合并存储将同时影响两道子波的主频、振幅等信息。为此，必须对子波的合并存储及其影响程度进行限制，这就是叠加系数的物理意义。

以美国地球物理公司的 SIR、PULSE 系列地质雷达为例，其叠加系数的取值均为奇数，常见取值为 3、5、7、9 和 11。此时，前后两道反射子波之间的影响程度为叠加系数的倒数，如式(3-6)所示。

$$e=\frac{1}{w} \tag{3-6}$$

式中，e 为叠加影响度；w 为叠加系数。一般而言，土层介质的组成成分越复杂，反射就越强烈且集中，则叠加系数的取值就应该越大，从而减小前后子波的叠加影响程度。

与常规非盐渍土不同，正温条件下的盐渍土内部含有固体矿物颗粒、固态(半固态)可溶性盐、胶结态矿物—可溶性盐共生物、气体以及水等。相比之下，其组成成分更加复杂多变。为此，上述叠加系数的取值是否适用于盐渍土还不明确。为了对上述常见叠加系数的取值进行验证，作者及团队成员在新疆民丰地区采用 100 MHz 的发射天线以粗粒弱氯盐渍土场地为依托开展实测，对波形道的形态特征进行对比分析，发现叠加系数应该尽量取大值，以 7、9 和 11 为宜，否则波形道可能会存在过渡叠加。图 3-5 所示为叠加系数取 5 时的波形道，可以看到在矩形方框所示部位产生了明显的过渡叠加。

为此，后续将叠加系数调整至 7 并重新进行探测，此时所得探测波形道如图 3-6 所示，可以看到该部位的过渡叠加现象已经明显得到了改善。

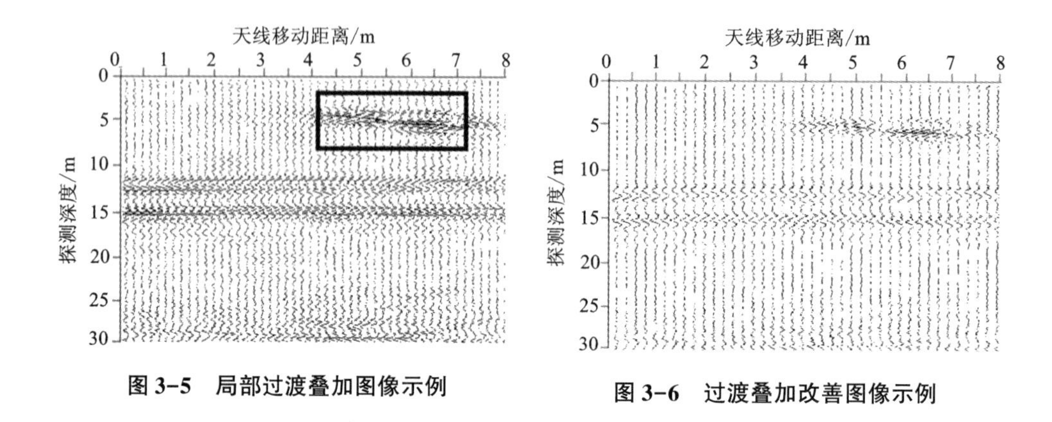

图 3-5　局部过渡叠加图像示例　　**图 3-6　过渡叠加改善图像示例**

除上述五个关键参数外，事实上还有滤波参数、零点位置校正值等参数。作者及团队成员在 2016—2020 年期间所开展的现场探测实验表明，这些参数的取值可以使用系统的推荐值。

此外，地质雷达在实测时容易受到外加电磁场、金属物体、振动以及噪声等外界因素的干扰从而导致波形图像失真。因此，实测时宜尽量消除或者弱化此类不良影响以保证波形图像的有效性，从而提高判读分析的准确性。

3.3　探测适用性分析

至 19 世纪中后期，地质雷达基本理论逐渐完善，伴随着计算机和电磁技术的飞速发展，其探测技术日渐成熟，目前已经在公路、铁路、人防、矿业、水利、考古等领域得到了广泛应用。大量的工程实践表明，地质雷达具有操作简单、设备轻巧、时效性强的优点，是当前应用最为广泛的无损探测技术之一。

地质雷达属于电磁勘探技术，在实际探测时充分利用了电磁波的传播特性。电磁波在媒介中传播时易受外加电场和磁场的影响，其原始电场和磁场会据此产生改变。岩土体是由固体颗粒、孔隙、水以及气体所组成的多相集合物。固体颗粒分子、水分子都是带电粒子，会与电磁波产生叠加效应从而改变原始电磁波的波场特征（能量、相位、频率等）。其中，能量是决定电磁波能否在岩土体中继续传播的关键，若能量衰减强烈，则地质雷达接收系统无法接收到有效的电磁回

波，从而导致探测失效。因此，利用地质雷达进行无损探测时，其适用性(即探测有效性)是一个不可忽视的重要问题。

为此，相关学者和工程技术人员就地质雷达的探测适用性开展了相关研究，如：温世儒以广西六河高速公路、宜河高速公路等累计28座公路隧道为依托，分析了灰岩围岩在不同含水率条件下的地质雷达探测回波特征，对比了回波主频、能量衰减等特征，获得了有效探测的含水率分布范围；杨光采用现场实测的方法获取Ⅲ、Ⅳ和Ⅴ级石英砂围岩的探测图像，分析了不同围岩的主频信息，证明了利用主频信息对围岩特征进行判读的可行性和有效性；吴霞以内蒙古霍林郭勒公路隧道为依托，分析了不同风化程度灰岩围岩在不同含水率条件下的电磁回波特征。毫无疑问，上述研究对于揭示特定围岩条件下地质雷达的有效探测性具有重要的理论参考价值和实践意义。

然而，与灰岩等一般性岩土体不同，盐渍土内部含有盐分，其中易溶盐的含量达到了0.3%。易溶盐对电磁波的波场影响与其含量、赋存状态(固态、液态或者胶结态)具有重要关系，而含水率和温度又是影响其赋存状态的重要因素。因此，对于非冻土区盐渍土而言，含水率和含盐量是影响地质雷达探测有效性的关键因素，在实际探测时不可忽视。然而，当前与此有关的相关研究还很不足。

为此，以西安市杨凌北部黄土台塬区为场地依托，基于理论分析，采用室内模型实验和现场实测的方法对粗粒混合钠盐盐渍土的地质雷达探测适用性进行分析，以期为粗粒钠盐盐渍土地区的地质雷达探测提供相关参考。

3.3.1　研究方案

以西安市杨凌北部黄土台塬区为场地进行原始土料的取土，取土后通过室内分析的方法分别测定其含水率、pH、有机质含量、含盐量(易溶盐和难溶盐)等物理指标，随后以原始土料的物理指标为基础配制4组具有不同含盐量和含水率的模型填土。模型填土配制完毕后，经分层压实装填至预制好的矩形模型箱，再用900 MHz的屏蔽式天线对模型填土进行探测从而获取探测图像。采用美国地球物理公司生产的GSSI系列地质雷达自带的RADAN7.0分析软件对不同模型填土探测图像的清晰度、电磁损耗和回波主频进行分析，初步判定其探测适用性。最后，采用场地现场探测的方法对初步判定进行修正，基本技术路线如图3-7所示。

需要说明的是，为了防止取土后原始土料的水分产生蒸发，取土后立即用事先准备好的塑料薄膜对土料进行包封处理，然后放入泡沫箱以防止车辆颠簸对土料的结构造成扰动破坏。此外，为了防止土料受到外界杂质的影响以保证取土的有效性，土料的取土深度为0.5~1.5 m。

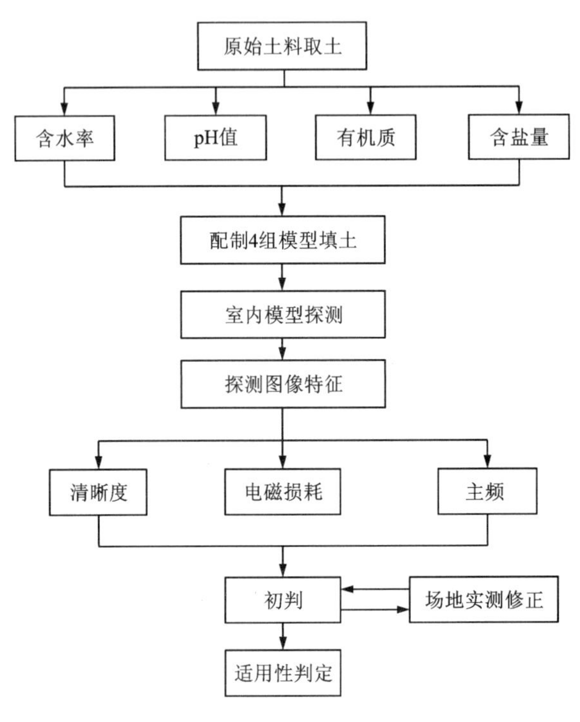

图 3-7　技术路线图

3.3.2　模型试验

真实场地中盐渍土的含水率、含盐量等指标是千变万化的，现场无法做到大量取土。为了分析不同含水率、含盐量条件下的探测图像特征，一个可行的办法是：以原始土料的物理特征为基准，通过人工配制的方法调配不同含水率、含盐量的填土，继而开展模型实验探测。因此，接下来的一个重要工作是室内模型实验。

1. 填土配制

首先对取自天然场地的原始土料的含水率、含盐量、有机质含量、颗粒组成等物理指标进行测定，然后以此为基准进行填土配制。经测定：原始土料的相对密度为 3.32，pH 为 8.12，难溶盐总量为 91.23 g/kg，易溶盐总量为 0.28 g/kg，有机质总量为 5.51 g/kg，最大干密度为 1.65 g/cm^3，最优含水率为 18.96%，粒径在 2~60 mm 内的颗粒比例为 93.36%。

配制填土时，模型填土共配制 4 组，其中：3 组填土为两种单一钠盐组成的混合钠盐、1 组填土为三种单一钠盐组成的混合钠盐，如表 3-5 所示。根据张莎莎等人的研究结果，每一组填土的含盐量均设置 5 个水平，即 0.3%、0.6%、1.0%、1.5%和 2.0%；每一组填土的含水率均设置 6 个水平，即 5%、10%、20%、25%、30%和 35%。

表 3-5　填土配制类型

组号	钠盐组成	质量比
1	$NaCl + Na_2CO_3$	1 : 1
2	$NaCl + Na_2SO_4$	1 : 1
3	$Na_2CO_3 + Na_2SO_4$	1 : 1
4	$NaCl + Na_2CO_3 + Na_2SO_4$	1 : 1 : 1

2. 模型制作与探测

为了与 900 MHz 天线的探测深度相匹配，制作了长、宽、高分别为 2 m、1.0 m、1.5 m 的模型箱用于装填模型填土，其中：①模型箱的材料不能对电磁波造成干扰，故不得采用金属或者金属制品类材料，最终采用木材加工厂里常见的轻质胶木板；②模型填土的装填分 3 层进行压实，压实度取场地的天然压实度，每层的压实厚度取 30 cm；③为了防止胶木板吸收填土的水分，模型箱内侧全部用塑料薄膜进行贴面。

探测时采用 GSSI-3000 型地质雷达，相关探测设置如表 3-6 所示。为了便于统计分析，探测时需对每一个探测文件进行编号。探测完毕后，通过 RADAN7.0 分析软件对连续线测图像的波形特征进行分析。

表 3-6　现场探测设置

类别	设置
天线型号	中心频率 900 MHz
测线布置	沿模型箱的长度方向实施连续线测，往复测 4 次
增益点数	3
增益方式	自动
背景去除/ MHz	200
FIR 滤波/ MHz	HP：20
	LP：280
发射率/KHz	50

3.3.3　图像特征分析

经室内模型探测，每组填土共获得连续线测文件 120 个（即 5×6×4，5 个含盐量水平，6 个含水率水平，往复测 4 次），4 组填土累计获得 480 个线测文件。经统计分析表明：当含水率大于 35%，电磁损耗严重，探测图像模糊不清，“斑点状”特征明显，难以进行有效判读，且与含盐量及钠盐的成分无关；回波主频集中，主频取值不超过天线中心频率的 1/3；当含水率低于 20%时，含盐量的增加会显著提高电磁反射的强度，探测图像反射明显，图像清晰可见。

1. 含水率影响分析

4 组填土均设置 6 个含水率水平且含水率逐渐提高。对得到的探测图像特征进行分析后发现，不论含盐量如何，随着含水率的提高，电磁反射强度会逐渐增强。但是，这种增强是有限的，并非随着含水率的提高而无限增强，也就是存在临界含水率，第 1、4 组填土的临界含水率为 35%，第 2、3 组填土的临界含水率为 30%。对于工程实际探测，受限于作业条件，当遇到混合钠盐盐渍土时，其临界含水率可取 35%。

探测所得图像数量较大，由于篇幅所限，仅列出部分典型探测图像。图 3-8、图 3-9、图 3-10 和图 3-11 分别为第 4 组模型填土在含水率为 5%、10%、30%和 35%时的探测图像，图 3-12 为与图 3-11 相对应的频谱图像，图中 ω 表示含水率。

对比分析图 3-8、图 3-9、图 3-10，可见图 3-8、图 3-9 的反射图像清晰，反射信号平稳，层状反射信号明显，由此可知填土内部压实度较好，且图 3-9 的反射强度明显强于图 3-8。图 3-10 的反射强度明显弱于图 3-8、图 3-9，反射信号开始出现模糊特征，层状不明显。

由图 3-11 可知，当含水率达到 35%时，电磁波损耗严重，反射信号微弱，具有典型的“斑点状”特征，0. 54 m 深度后无有效判读波形，难以对填土进行有效判读分析。由此可知，随着含水率的逐渐提高，反射强度呈有限增强特征。图 3-12 所示为含水率为 35%时的最大主频，可见低频特征明显，不足中心频率的 1/3。

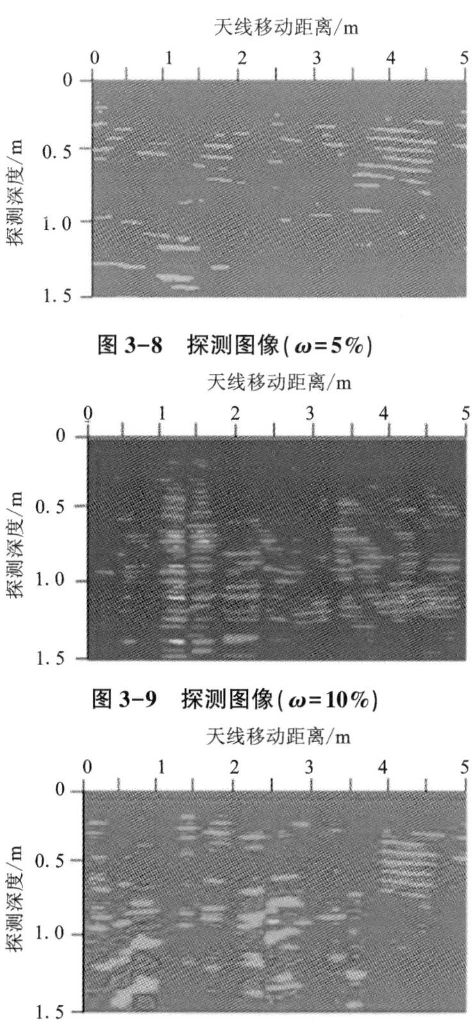

图 3-8　探测图像(ω=5%)

图 3-9　探测图像(ω=10%)

图 3-10　探测图像(ω=30%)

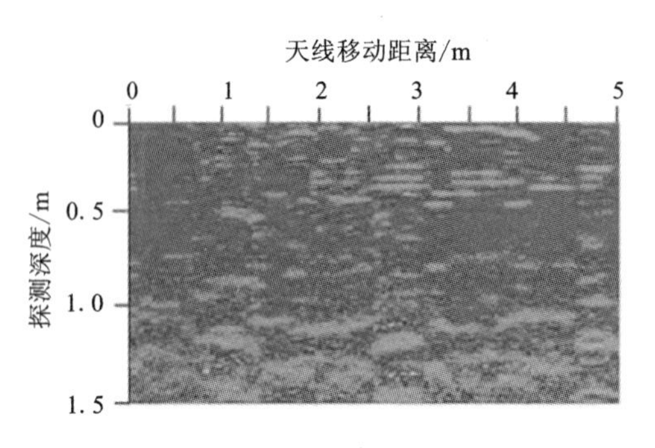

图 3-11　探测图像(ω=35%)

填土内部的自由水，一方面对土颗粒具有良好的包裹作用，增强了颗粒表面水膜的润滑性，扩大了土颗粒之间的相互接触面，从而显著地增强了填土内部的导电性；另一方面，对于土颗粒而言，水是另一种介质，其电性质与土颗粒差异巨大，当电磁波穿越土颗粒本身与水膜时势必产生反射。因而，水的存在极大地提升了电磁波的传播范围，也增强了反射强度。但是，当水的浓度达到一定程度时，水分子对电磁场的影响强于土颗粒，电场和磁场强度会急剧下降而表现为电磁能量急剧损耗，且频率越高的子波越容易被吸收，最终使得电磁波传播范围缩小、反射能量降低，由此导致高含水率时出现图 3-11、图 3-12 所述的图像特征。

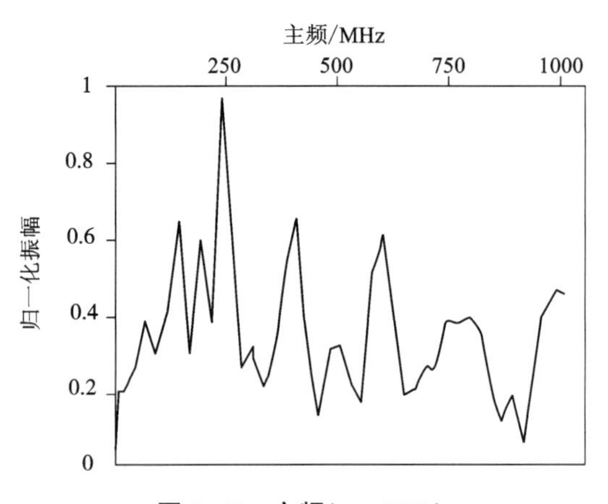

图 3-12　主频(ω=35%)

2. 含盐量影响分析

模型填土的含盐量设置了 5 个水平，最大含盐量为 2.0%。基于前述分析可知，为了防止电磁波出现严重衰减而影响判读，在分析含盐量影响时，填土的含水率最大值控制在 20%。经探测分析发现，含盐量的提高显著地增强了电磁波的反射强度，表现为强反射特征。图 3-13、图 3-14、图 3-15 为第 4 组填土在含盐量分别为 0.3%、1.0%、2.0%时的探测图像(含水率为 10%)，可见图像反射信号清晰，同向轴明显，可读性良好，含盐量越高，反射则越强。

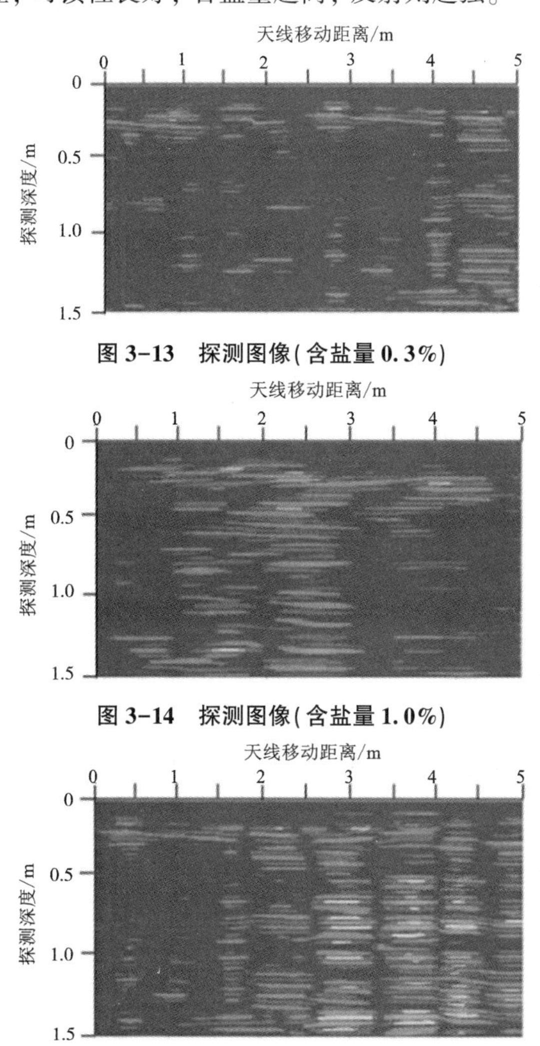

图 3-13　探测图像(含盐量 0.3%)

图 3-14　探测图像(含盐量 1.0%)

图 3-15　探测图像(含盐量 2.0%)

图 3-16 是含盐量为 1.0%、含水率为 20%时的探测图像，可见反射波形在 1.1 m 处开始出现模糊特征，信号出现衰减现象，说明在实际探测时，混合钠盐盐渍土土体的含水率不宜超过 20%，否则反射信号会有较大衰弱，不利于判读分析。

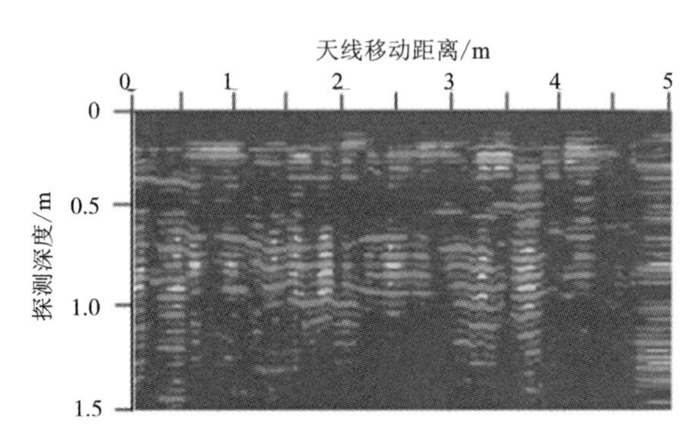

图 3-16　探测图像(含盐量 1.0%、含水率 20%)

不论是易溶盐还是难溶盐，均是与土颗粒相异的介电材料，其存在势必会增强电磁波产生反射的概率。在自由水的作用下，盐分产生溶解，溶解后形成的游离离子属于带电粒子，与水分子共同增强了土体的导电性能，从而极大地增强了电磁波的反射强度。所以，在低含水率条件下，含盐量的提高势必会增强电磁反射强度，表现为强反射。随着含水率的不断提高，即便游离离子的浓度也随之提高，但高频电磁子波被优先吸收，电磁波能量衰减迅速，会出现反射信号衰弱特征。

3.3.4　探测实例

为了对模型探测分析结果进行修正和验证，作者及团队成员于 2019 年 7 月前往取土场地进行实测。为了保证土体含水率不受降水影响，在实测前一周需保证没有显著的降雨。为此，最后定于当月 22 日进行实测。

实测时采用的仪器与室内模型探测所用仪器一致，探测方式选择连续线测。为了防止实测信号受到探测点附近的噪声、振动、手机信号、金属物体等的干扰，在实测前就将干扰源消除完毕，手机放置于 10 m 以外的收纳箱。此外，实测时对每条测线进行编号，以便与实测文件一一对应，每条测线的长度为 5 m。经过 2 天的实测，最后获得实测文件 88 个，去除 9 个无效文件后，共留存有效文件

79 个。

图 3-17 为 1 号测线所得探测文件的图像，从图中可以看到 0.5 m 深度范围内的反射信号清晰，同向轴连续，有明显的水平层状反射信号，但是 0.6 m 深度后的信号微弱，波形不清晰，难以进行有效判读。经取土(在 3 个取土点下方 50 cm 处取土，每条测线 3 个取土点，间距为 1.5 m)测定，1 号测线取土的 pH 为 8.81，难溶盐总量为 90.78 g/kg，易溶盐总量为 9.22 g/kg，有机质总量为 7.63 g/kg，粒径在 2～60 mm 的颗粒比例为 96.54%，含水率为 33%(3 个取土点的平均值)。

由此可见，场地探测分析结果与模型分析一致，表明前述研究方法可行、结果准确，在混合钠盐盐渍土实际探测时需加以重视。

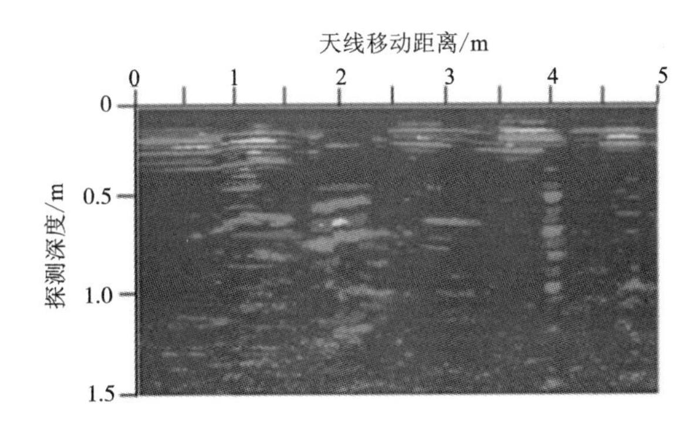

图 3-17　场地实测图像

通过电磁波足印和第一菲涅尔带半径理论可知，地质雷达天线频率的高低决定探测深度以及天线本身的横向分辨率、垂向分辨率，因而对于土层来讲，不论使用何种频率的天线，土层本身的物理特征(两极地区考虑电导率、磁导率，非两极地区仅考虑电导率)对入射电磁波的电场、磁场、电势差、电势能等都会产生同类型的褶积效应。从理论上讲，利用非 900 MHz 天线进行探测应该能得到相同或相近的波形特征。为了对此进行验证，第二天又采用 100 MHz(探测深度更大，但分辨率更弱)的天线对 1 号测线进行了场地探测，结果如图 3-18 所示。

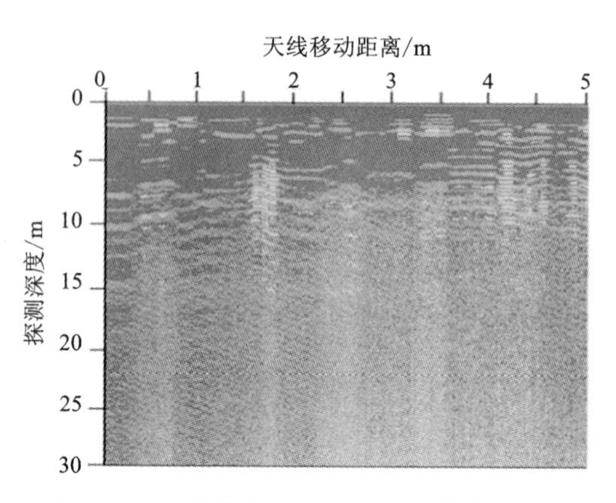

图 3-18 探测图像(100 MHz 天线频率)

可以看到，图中 4.7 m 深度范围内的波形较为清晰，多数同相轴连续，层状信号明显，但 4.7 m 深度之后完全看不到清晰的反射信号，存在大量的斑点，信号模糊、衰减严重，无法判读。可见，使用 100 MHz 天线所得土层的探测结果与 900 MHz 天线所得结果是相近的，当电磁波穿透较浅深度后将产生严重的衰减，无法产生有效的判读信号，难以进行有效分析。

此外，两种天线的频率比值为 9，而 900 MHz、100 MHz 频率时电磁波的信号衰减深度分别为 0.5 m、4.7 m，两个深度的比值为 9.4，与两种天线的频率比值较为接近，这与电磁波传播衰减规律是吻合的。

3.3.5 适用性分析结果

基于理论分析、室内模型实验和场地实测对不同含盐量、含水率条件下的粗粒混合钠盐盐渍土的地质雷达探测适用性进行了分析，结论如下：

(1)盐渍土的导电性受含盐量、含水率的共同影响，在采用地质雷达进行探测时，需注意其适用性。

(2)含水率是影响探测适用性的主要因素，当含水率大于 35%时，探测图像模糊不清，“斑点状”特征明显，难以进行有效判读；回波主频集中，其值不超过中心频率的 1/3，低频特征明显。

(3)当含水率低于 20%时，含盐量的增加会显著提高电磁反射的强度，探测图像反射明显，图像清晰可见，可判性良好。

3.4　粗粒弱氯盐渍土的波形图像特征

由于对裂缝、空洞、疏松区等小型不良目标体的识别度高且时效性强、易于操作，地质雷达近年来在公路、铁路、市政、矿山、海岸工程等土建领域得到了广泛应用。

根据地质雷达的探测原理，要准确探测识别出目标层中的目标体，首先需准确获取目标层的相对介电常数。相对介电常数是描述电磁场作用下介质电磁极化程度的物理量，是保障入射电磁场与目标介质产生合理、准确的电磁褶积效应的关键参数。根据电磁极化理论，相对介电常数与介质本身的电导率和磁导率有关，且除南北两极地区的介质外，仅需考虑电导率。普通常规路基土层内部不含游离离子，电导率仅受含水率的影响，现场探测时基于含水率—相对介电常数理论公式实施现场标定即可求得土层的相对介电常数取值，进而获得较为准确的波形响应特征。如：张建智以城市道路工程为依托，通过现场标定试验分别获取了富水、干燥、破碎条件下的路基相对介电常数，并基于正演模拟、频谱变换和实测获得了空洞、积水体的波形与频谱特征；为了建立道路路基疏松病害与雷达图谱的对应关系，张爱江以某市 3 条主干道为依托开展地质雷达现场探测，获取了 2 级疏松度条件下的波形、能量特征；Ahmad Abdelmawla 使用中心频率为 2 GHz 的地质雷达对高塑性淤泥路基进行探测以估算其密实度和含水率，并考虑空气、水和固体颗粒的介电及体积特性，基于室内模型试验和现场 3 次标定试验获取了波形判读特征；为分析土—石混填路基及其路面的厚度，Hu J 利用双体式天线采用宽角法对试验路段进行了探测，获得了合适的天线移动速度取值和分层信号，拾取了分层界面处的反射系数与波形。

上述研究通过现场标定试验即可快速准确地获取目标层的相对介电常数，研究结果对于丰富路基工程不良地质体的探测波形特征及其判读具有积极意义。

与普通常规土层相比，水的存在会导致可溶性盐产生溶解从而释放游离离子，使得土层的电导率同时受含水率及游离离子的影响，且含水率对溶解度亦有促进作用。因此，盐渍土层的相对介电常数不仅受含水率影响，还与游离离子的浓度有关。此时，采用现有的标定技术已经难以获得准确可靠的相对介电常数及相应的波形特征结果，也限制了盐渍土层的地质雷达探测及其波形特征成果的有效推广与应用。

为此，有关学者提出基于多因素耦合分析建立混合介质介电模型对盐渍土层的相对介电常数进行求取，如：徐爽依托阿拉坦地区的细粒氯盐渍土路基，通过冻融循环水—盐迁移试验，采用三项回归分析拟合建立了正温条件下的相对介电常数—多因素拟合公式；雷磊基于 Dobson 介电常数修正水—盐模型对砾类硫酸盐渍土在不同含水率、室温条件下的相对介电常数进行求取，分别建立了含水率、含盐量与介电常数实部、虚部的线性拟合方程，得到了经验求取公式。毫无疑问，此类混合介质介电常数求取模型在一定程度上弥补了前述普通常规土层标定试验中的不足。

然而，为了保证计算结果的准确性，在实际应用上述混合介质介电常数求取模型时，必须准确计算各组成成分的体积比以及游离离子的浓度、室温、体积含水率，对于现场探测而言，要获取这些参数绝非易事，因而难以满足工程实际对快捷性、时效性的要求。

对此，不同于上述既有研究，作者及团队成员依托新疆维吾尔自治区 G315 线民丰—于田公路改建工程粗粒弱氯盐渍土路基，基于 GS3 土层相对介电常数测算技术，综合采用现场实测和室内模型实验对正温状态不同含水率条件下的地质雷达探测波形特征进行分析研究，以期为粗粒弱氯盐渍土的地质雷达超前探测提供相关参考与借鉴。

3.4.1 工程概况

G315 线民丰—于田公路是连接民丰县—于田县的重要陆路通道，全线按照一级公路标准建设，路基标准宽度 27 m，全长 105.58 km，设计车速为 100 km/h。公路沿线跨越 1 条区域河流，地形以盆地、高山和少部分丘陵为主，地表植被稀疏。工程所在地区属大陆性气候，全年平均气温为 18℃，少有冻结；四季分明，年降雨量小，但坡面径流汇流速度较快，对沿线路基的冲蚀破坏明显。公路沿线的耐盐碱性植被生长良好，以低矮灌木丛、胡杨乔木为主，亦有少量藤类植被。根据地下水腐蚀性测试结果，沿线的深层地下水无腐蚀性，但浅层地下水对混凝土有轻微腐蚀性。

受冲积扇洪区覆盖，沿线土层分布有粗粒氯盐渍土，地表盐斑明显可见。盐渍土埋深不均匀，多为 0.6~2.1 m。经实验室含盐量测定，根据《公路路基设计规范》(JTG D30—2015)的规定，弱盐渍土(平均含盐量为 0.5%~1.5%)的占比

达 86%，其余为中盐渍土。

沿线的工程地质、水文和气候条件符合盐渍土路基用料施工要求，实际施工时取粗粒弱氯盐渍土为路基填料进行施工。

3.4.2 探测方法

采用美国地球物理公司生产的 SIR－3000 型探地雷达配备中心频率为 600 MHz 的收—发一体式天线进行探测。相关探测参数如表 3-7 所示。

表 3-7　相关探测参数

类别		取值
发射率/KHz		100
探测深度/m		0.5～1.3
采样点数/无量纲		1024
增益点数/无量纲		3
滤波参数/MHz	HP	150
	LP	750
天线移动速度/(cm · s^{-1})		5～15
最大采样间隔/ns		0.33
时窗/ns		150
叠加次数/无量纲		9

除表 3-7 中所列关键探测参数外，还需准确获取盐渍土路基的相对介电常数取值。如前所述，基于多因素分析建立的混合介质介电常数求取模型难以满足工程实际所需。对此，引入 GS3 相对介电常数测量仪对路基内部的相对介电常数进行测算。GS3 相对介电常数测量仪由土层传感器以及 EM50 数据接收装置组成，在实际使用时需埋入土层内部并静置一段时间，取出后可自动读取土层内部的体积含水率以及相对介电常数。需要说明的是，本章所述含水率均指体积含水率。

由于路基内部的含盐量分布不均匀，且沿深度方向同时存在温度梯度和体积含水率梯度，因此为了保障采集得到的相对介电常数和体积含水率的代表性及有效性，在埋置 GS3 相对介电常数测量仪时，需注意两个关键点：一是测量仪不能集中放置，需在水平和竖向均匀放置，二是测量的时间不宜太短。为此，根据肖泽岸的研究结果对测量仪进行埋设，如表3-8所示。测量完成后，取9个测量仪的相对介电常数和体积含水率的算术平均值为横向路基一个探测断面的最终值。由于路基具有长距离、大范围条形状特征，因此在选择探测断面时须兼顾地形地貌、地下水以及施工质量等因素，故实测时每隔10~30 m取一个横向探测断面埋置测量仪。

表3-8 测量仪埋置方案

序号	类别	设置或取值
1	测量仪个数/个	9
2	放置位置	路基内部沿垂向放置
3	放置层数	3层，每层3个
4	排列方式	横向单排放置，间距1 m
5	首层埋深/cm	30
6	二层埋深/cm	60
7	三层埋深/cm	90
8	连续测量时间/h	24~30

每次探测完毕后，及时对探测文件进行编号并详细记录好含水率取值，再利用SIR-3000探地雷达配套的RADAN5.0分析软件对连续线测和点测原始图像的波形特征进行分析，获取相应的波形初始特征。

3.4.3 模型试验

现场实测易受气候、工期、场地条件等因素的影响，为了对上述波形初始特征进行修正和验证，需开展室内模型实验以实施二次探测与分析。根据两阶段施工图设计资料，路基的最小填土厚度已超过2 m，显然难以在室内堆填制作足尺模型，因而只能先制作模型箱再装料入模成型。模型箱的尺寸需同时考虑600 MHz天线的有效探测深度以及制作、搬运的便利性，最终尺寸取长×宽×高为1.5 m×1.0 m×1.0 m。

由于金属材料对雷达天线发射的电磁波会产生干扰，造成假信号，因而模型箱的制作材料必须选用非金属制品，故最终选用高密度复合板，且组装完成后在箱体内侧涂刷防水油漆以防止板材吸收填料水分。此外，模型箱填土选用现场填料，入箱时依据设计压实度分 4 层、每层厚度 25 cm 进行压实。根据驻地土工中心实验室的含水率测定数据，模型填土的含水率人工配置范围取 8%～45%。根据当地气象气候资料，模型填土的温度由室内温度控制器控制在正温状态，为 6℃～34℃。

模型箱制作完成后，随即在填土内部埋设测量仪。测量仪沿模型箱长度方向分 2 层一字排开，每层放置 2 个测量仪，沿长度方向的间距为 50 cm，埋置深度分别为 40 cm、70 cm。此外，为了便于分析统计，每次探测时同样对探测文件进行编号并记录好相应的含水率。

3.4.4　图像特征分析

采用 SIR-3000 探地雷达配套的 RADAN5.0 分析软件对现场实测和模型箱探测所得到的连续线测及点测原始图像的波形特征进行分析，发现：在正温条件下，电磁反射强度随路基内部含水率(ω)的提高而逐渐增强，但存在一个临界含水率，即 $\omega=35\%$。当含水率超过该值时，电磁波反射强度会迅速减弱乃至无法产生有效反射。

1. ω<35%时的图像特征

当路基内部含水率 $\omega<35\%$时，在线测图像中可见清晰、稳定的强反射信号特征，在点测图像中可见反射振幅较大，最大归一化振幅可接近于 1.0。图 3-19、图 3-20 为 $\omega=12\%$时典型的强反射特征图像，其中，图 3-19 为现场探测所得连续线测图像，图 3-20 为对应的点测图像。

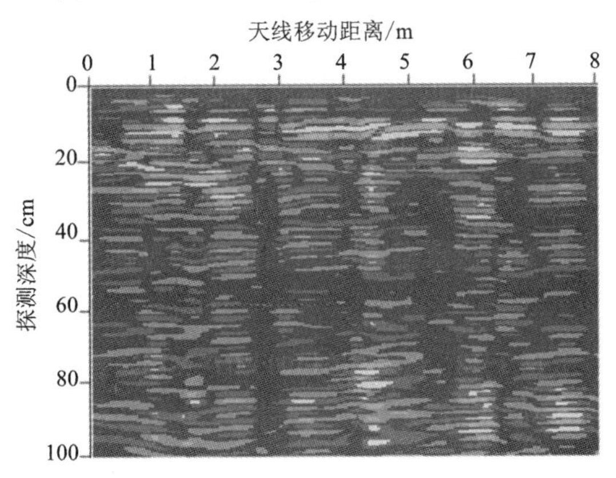

图 3-19　现场探测线测图($\omega=12\%$)

图 3-19 所示连续线测图像反射明显，水平状反射特征清晰，信号均匀，表明电磁损耗较少且路基填土颗粒均匀，压实度较好，路基内部不存在空洞、积水及其他杂质。图 3-20 所示为对应的点测图，可以看到波形振动均匀，波形连续无间断，这与连续线测图像所显示的特征是吻合的。

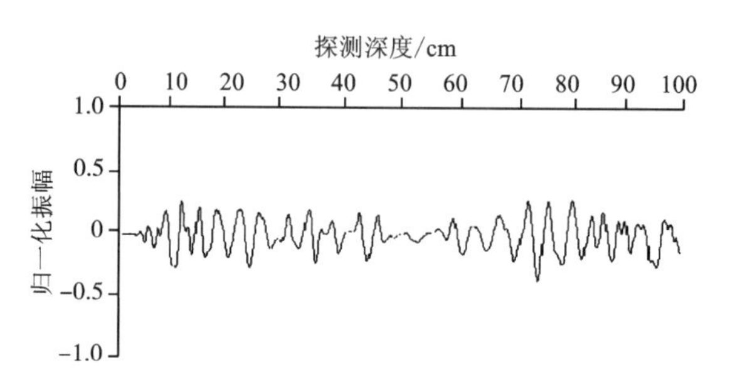

图 3-20　现场探测点测图($\omega=12\%$)

图 3-21 所示是 $\omega=20\%$时对模型箱进行探测得到的连续线测图，可见图像反射信号非常明显、清晰，在竖向有典型的连续水平状反射信号，这表明模型箱内部填料的压实度符合压实要求，压实性较好。此外，与图 3-19 相比，此时的反射信号强度明显更强，强反射特征更加明显。

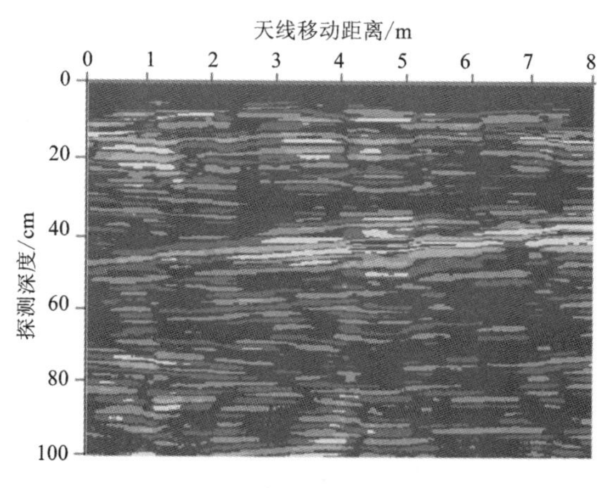

图 3-21　模型探测线测图($\omega=20\%$)

需要注意的是，图中 40 cm 深度处出现了一斜率较小的近似水平状的强反射信号带且自右向左一直延伸至 50 cm 深度处。该反射信号正是模型填土内部的测量仪所产生的反射信号，图中显示位置与其埋深是一致的。

图 3-22 是与图 3-21 相对应的点测图像。与图 3-20 相比，波形振幅显著加大，强反射异常明显，最大振幅接近满幅值(1.0)。

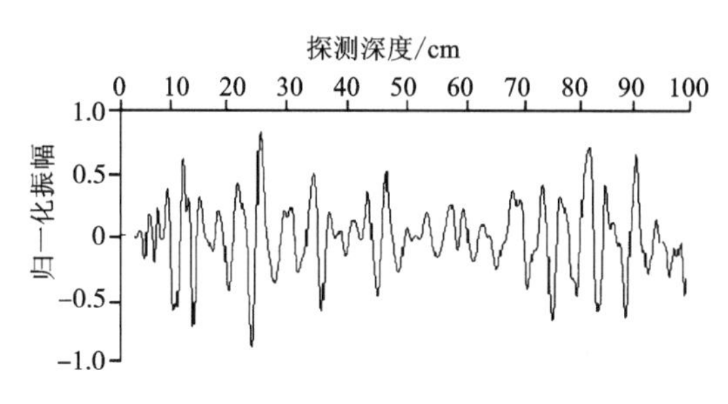

图 3-22　模型探测点测图(ω=20%)

比较上述连续线测图像以及点测图像的反射特征可知，随着含水率的提高，反射强度也随之得到增强，其原因体现在以下两个方面：

一是土层内部的土颗粒、可溶性盐本身属于电介质，在微观上表现为自有电磁场。根据介质电磁学基本理论，当入射电磁波穿越不同的介质时，实质上是在穿越不同的微观电磁场，由此导致入射电磁场反复不断地与微观自有电磁场产生褶积耦合，致使电磁极化程度得到增强，也意味着原始场强与极化场强的比值被提高，也就是相对介电常数得到了提高。水是不同于盐渍土颗粒、可溶性盐的第三种物质，水分子越多意味着微观自有电磁场越多，由此导致电磁极化更加激烈，最终表现为强反射。

二是含水率的提高，增强了可溶性盐的溶解度，由此导致土层内部的游离离子浓度逐渐提高，进而极大地增强了土层的电导率。电导率的增强能显著地提高土层内部电磁波的传播速度，据此增强了电磁极化强度和效率，从而表现出强反射特征。

根据电磁波传播规律，入射电磁波与介质产生叠加耦合后，子波中心频率的上限可达初始频率的 2~2.5 倍。图 3-23 所示为 ω=20%时的回波主频曲线，可见主频不超过 1200 MHz，且频谱分散、振幅强烈。

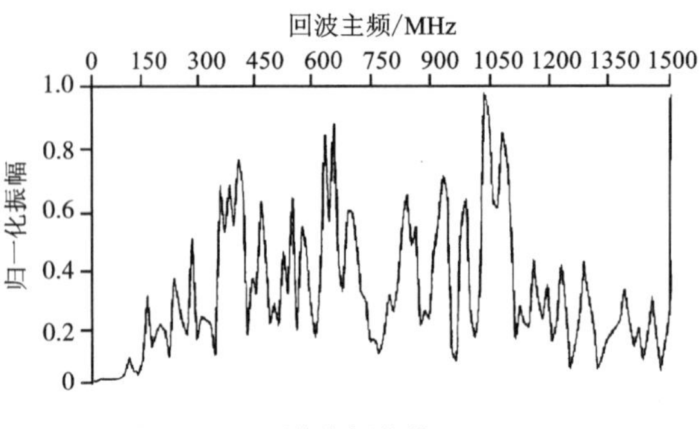

图 3-23　回波主频曲线(ω=20%)

2. ω>35%时的波形特征

当含水率大于 35%时，电磁反射将出现转折，表现为两个方面：一是在探测图像上会出现大量的模糊信号特征，此类反射信号不具有连续、稳定的形态，同相轴的变化亦无规律，难以实施分辨判读；二是反射强度急剧下降，在线测图像上仅在土层表面附近的浅层可见少量能分辨判读的反射信号，随着深度的增加反射信号无法分辨，且在点测图像上可见波形振幅很小，若含水率继续提高，则整个波形将变为近似水平直线形态。

就反射回波主频而言，此时具有明显的低频特征，回波主频的范围为 150～400 MHz，等于入射电磁波中心频率的 1/4～3/4。同时，主频曲线的振幅较小、频谱集中，表明能量衰减剧烈，高频子波已被优先吸收。

图 3-24 所示为现场实测所得 ω=38%时的连续线测图像，可见，0～35 cm 深度内，存在较为稳定连续的反射信号，虽然同相轴较为杂乱，但信号较为均匀，无间断，可以分析判读；当埋深超过该值时，信号变得异常模糊，出现了大量的斑点，无可分辨的信号，且深度越大，斑点特征越多，难以实施分析识别。

图 3-25 为模型探测所得连续线测图像(ω=45%)，发现：仅在 10 cm 深度范围内可见连续稳定的反射信号，超过该深度时信号出现间断，同样存在大量的斑点状信号，表明电磁能量衰减更加严重。

需要注意的是，在 40 cm 深度处可见一条模糊的水平状反射信号，且一直延续至 70 cm 深度处，该反射信号是金属测量仪所产生的反射，不是土层产生的反射信号，须注意区别。另外，测量仪为金属材料，若在干燥的土层中将产生强烈

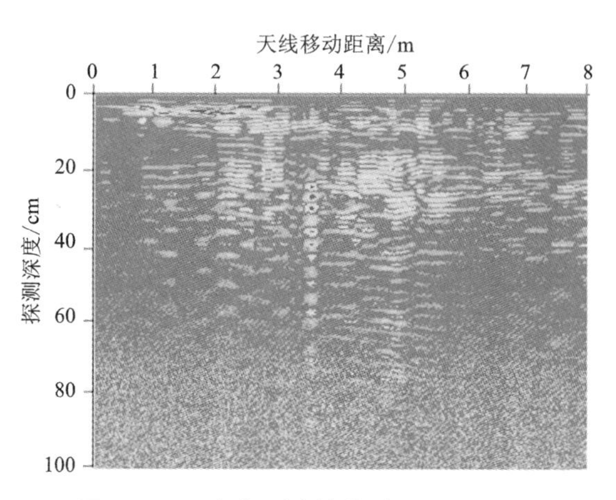

图 3-24　现场探测连续线测图(ω=38%)

的连续稳定的反射信号，但在该图中其反射信号依然模糊，表明在高含水率的环境下电磁波已经产生了巨大的能量损耗，回波能量微弱。

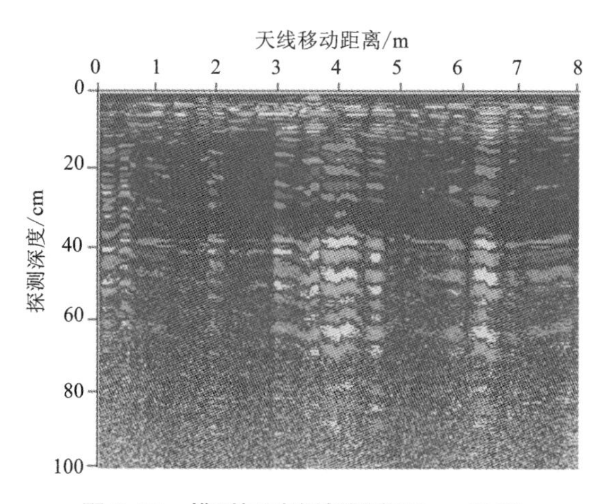

图 3-25　模型探测连续线测图(ω=45%)

图 3-26、图 3-27 分别为与图 3-25 相对应的点测图像和回波主频曲线。容易发现，点测图像中的波形振幅较小，除 0~10 cm 内可见较为明显的波形振幅外，其余深度范围内的波形近似为水平直线，略有振幅，这与图 3-25 所示的图像特征是一致的。图 3-27 所示回波主频较低，主频突出且频谱能量集中，这与图 3

-23 所示主频曲线有显著不同。

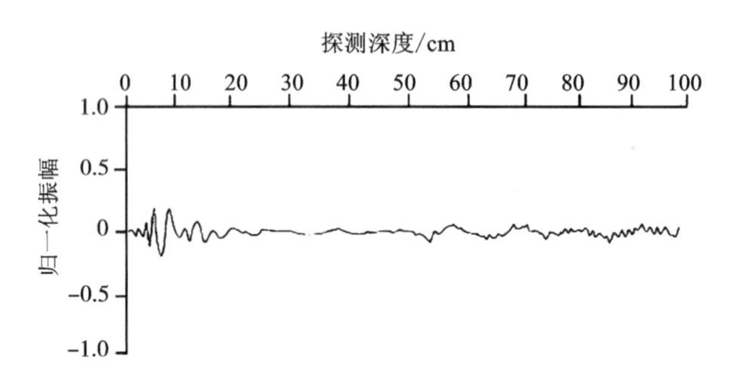

图 3-26 模型探测点测图(ω=45%)

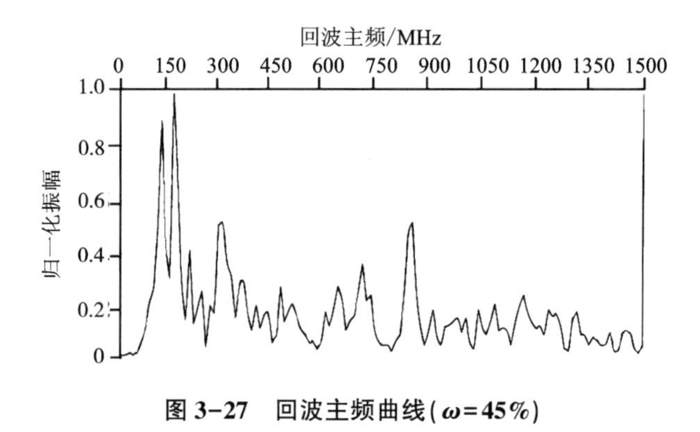

图 3-27 回波主频曲线(ω=45%)

雷达天线发射的入射电磁波本质上由序列子波所组成，序列子波拥有相同的发射(穿透)初始能量和相速度，但不同子波的初始频率是不同的，经合成后可得到入射电磁波的中心频率。入射电磁波在介质中传播时，不同的子波均参与了电磁极化耦合，且高频率的子波有耦合优势特性。水的存在致使水分子对土颗粒进行包裹从而在土颗粒表面形成了更多的水膜，这种水膜对土颗粒的微观运动和电场的传导具有促进作用。很显然，这加快了微观电磁场之间的耦合、传输效率，也就增强了电磁极化的程度和效率，而高频子波恰恰有耦合叠加优势特性，由此导致在高含水率的环境下，出现高频子波优先被极化吸收、反射回波以低频子波为主的特征。

此外，在高含水率的环境条件下，游离离子的含量迅速增加且分散运动的速度更快。游离离子本身属于带电粒子，由于土颗粒表面结合水膜的吸附作用，大量的游离离子被吸附在土颗粒表面从而形成带电粒子团。与粒子相比，带电粒子团的电磁场强度更强、影响范围更广，与子波产生耦合叠加时会产生极大的电势差，弱化子波能量，导致严重的能量损耗。此时，即便信号接收器能接收到反射回波，其能量已经非常微弱，无法产生有效的判读信号而表现为模糊状的斑点特征。

综上所述，在正温条件下，土层内部的高含水率及据此引起的游离离子浓度的提高是导致弱反射、低频回波特征的关键因素，研究结果与理论分析基本一致，在今后的研究和实测工作中需加以重视。

3.5　粗粒弱硫酸盐渍土的波形图像特征

以新疆若羌县—尉犁县省道拓宽工程粗粒弱硫酸盐渍土路基为实际依托，基于现场实测和室内模型实验，通过 GS3 土层传感器对盐渍土的含水率、相对介电常数进行求取，进而对正温环境中不同含水率条件下粗粒弱硫酸盐渍土的地质雷达波形图像特征进行分析研究。

3.5.1　工程概况

新疆若羌县—尉犁县省道拓宽工程是连接若羌县—尉犁县的重要通道，拓宽段全长 20.6 km。公路沿线没有跨越较大河流，多高山和盆地，地形变化多样，平均海拔为 800~1000 m，属于干旱气候区。这里四季分明，春夏天气炎热多风沙，冬季寒冷干燥，全年平均气温为 12℃，冬季极端最低温度为-20℃。地表耐盐碱性植被生长良好，浅层地下水对混凝土有腐蚀性，深层地下水有轻微弱腐蚀性。

全线周边土层以埋深为 1~2.4 m 的粗粒硫酸盐渍土为主，其中累计约 2.3 km 内为低液限粉土、细砂等细粒土。经实验室含盐量测定，根据《公路路基设计规范》(JTG D30—2015)的规定，沿线的盐渍化程度以弱盐渍土(平均含盐量介于 0.5%~1.5%)为主，占比达 87%，其余为中盐渍土和强盐渍土。

实际施工时，取粗粒弱硫酸盐渍土为路基填料进行施工，为了避免冬季低温带来的诸如运输困难、结冰、人员冻伤等问题，所有现场施工在春—秋季开展。

3.5.2 探测方法

实际探测时采用国内自行生产的低功耗、轻便型 LTD-2100 型地质雷达，配备屏蔽双体式发射天线，相关探测参数如表 3-9 所示。滤波参数、零点校正等参数取系统推荐取值。

表 3-9 部分探测参数

类别	设置
天线型号	中心频率 600 MHz
测线与测点布置	测线按井格形布置，当无法进行连续线测时，则采用多点测试，测点间距为 20~50 cm
探测深度/m	0.5~1.3
发射率/kHz	50
采样点数/无量纲	512

相对介电常数是实际探测时的关键参数。对于大范围、长里程的实际道路工程而言，难以利用既有研究所述的混合介质介电常数模型对盐渍土的相对介电常数进行直接求取。为此，采用美国 DECAGON 公司的 GS3 土层传感器以及 EM50 数据接收装置对盐渍土路基的相对介电常数进行测量。

现场测量时，在探测断面处采用传感器自带的投送杆将 6 个传感器沿横向按单排分别放置于路基表面下 30 cm、80 cm 深度处，横向间距为 1 m，且实施 24 h 连续测量，如图 3-28 所示。取 6 个传感器所得的相对介电常数的算术平均值为该探测断面的相对介电常数，并输入到地质雷达参数系统中进行探测。

需要注意的是，地质雷达在现场探测时容易受到诸如外界震动、锚杆、钢管、钢筋网甚至手持式手机信号干扰等不利因素的影响。在实际探测时，需注意及时消除或者弱化此类不利影响，以保证探测的有效性。

探测完毕后，通过 IDSP 分析软件对连续线测和点测原始图像的波形与频谱特征进行分析，获取相应的初始特征。

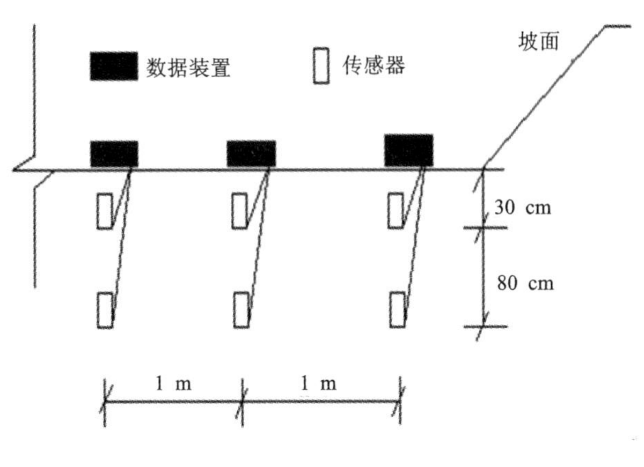

图 3-28　传感器布置

3.5.3　模型试验

该路基的实际填土厚度达到 2.3～2.6 m，室内试验难以制作足尺模型。为此，制作一长×宽×高为 1 m×0.8 m×0.8 m 的模型箱，其中：①实验用土选用现场填料，并按照设计压实度分 3 层进行压实，上、中、下层的压实厚度分别为 25 cm、25 cm、30 cm；②模型箱的制作材料不得对电磁波产生吸收、干扰，因而选用干燥的木质板材，同时用塑料薄膜紧贴四周内壁以防止板材吸收土层的水分；③模型填土的体积含水率由人工配置，结合现场填料的实际含水率并根据张莎莎等人的研究，含水率范围取 5%～40%，间隔为 5%；④模型填土的温度由温度控制箱进行控制，温度范围根据当地春、秋季室外昼夜温差设置，温度范围为 2～32℃，属于正温条件。

模型制作完成后，沿模型箱长度方向将 2 个 GS3 传感器埋入实验土中，埋置深度为 30 cm，间距为 40 cm。

需要注意的是，模型箱内部填土的厚度为 80 cm，而现场探测所用的 600 MHz 屏蔽式双体天线的探测厚度一般可达 1.3 m，显然已经不适用于实施模型探测。因此，实施模型探测时，选用中心频率为 900 MHz 的屏蔽式双体天线，其最佳探测厚度一般不超过 90 cm，与模型的填土厚度刚好匹配，且其横向、纵向分辨率均优于 600 MHz 屏蔽式双体天线。

与现场探测一样，每次探测时均做好体积含水率记录，并对相应的探测文件进行编号，以便于后续的统计分析。

3.5.4 图像特征分析

采用与 LTD-2100 型地质雷达相配套的 IDSP 分析软件对现场探测和模型实验所得探测文件的波形图像特征进行分析。分析时首先进行背景去除、滤波和反褶积等时域与频域处理，以压制、弱化和剔除干扰信号，提高信噪比。结果表明：在正温条件下，粗粒弱硫酸盐渍土的波形图像特征跟含水率 ω 有关，$\omega=32\%$是特征发生改变的临界含水率。

1. $8\%<\omega<27\%$

当$8\%<\omega<27\%$时，线测图像具有典型的强反射特征，反射振幅达到最大，最大归一化振幅接近于 1.0。图 3-29、图 3-30 为典型的线测图像强反射特征，其中，图 3-29 为现场探测所得图像，图 3-30 为模型探测所得图像。

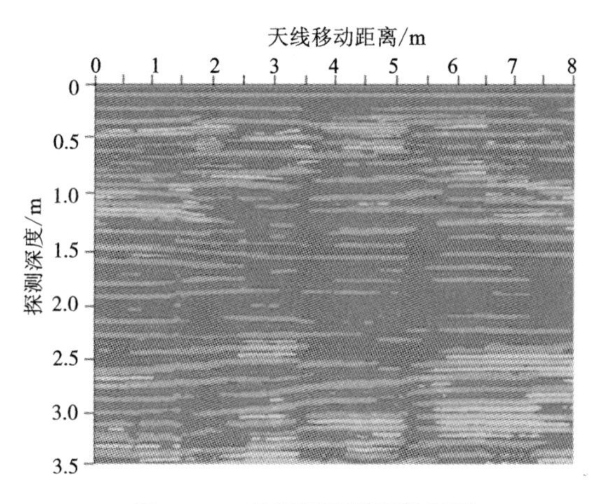

图 3-29 现场探测所得线测图

由图 3-29 可知，电磁损耗较少，强反射特征明显，其中，0~2.5 m 的波形较为均匀，多为水平状同相轴，这表明路基填土在粒度组成上较为均匀，压实度较好；2.5~3.5 m 属于原状地基土，其波形变得更加杂乱。

由图 3-30 可知，线测图强反射特征明显，其中：0~50 cm 的波形较为均匀，同相轴多为水平状、少数为倾斜状。然而，50~70 cm 深度内存在较为明显的电

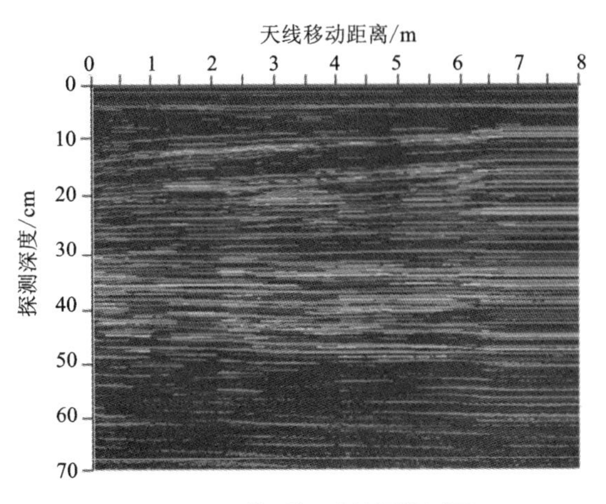

图 3-30　模型探测所得线测图

磁损耗，这是因为模型填土的含水率调配完毕后即进行压实处理并埋置传感器以测量相对介电常数，而此时模型填土已经静置了 24 h，填土中的水受重力影响会下渗至填土的底部，因此导致探测时底部的含水率相对更大，从而填土底部出现电磁损耗现象，但这一局部现象并不影响填土整体的波形特征。

图 3-31 为该含水率范围内的典型频谱图像，可见，最大归一化振幅接近于 1.0，频谱能量分散，主频不突出，但小于 200 MHz。这是由于电磁损耗较弱，入射电磁子波经不断反射和折射后，虽然其频率发生了改变，但是其能量并未衰减至湮没，因而仍能被天线所接收从而表现为多频率分布。

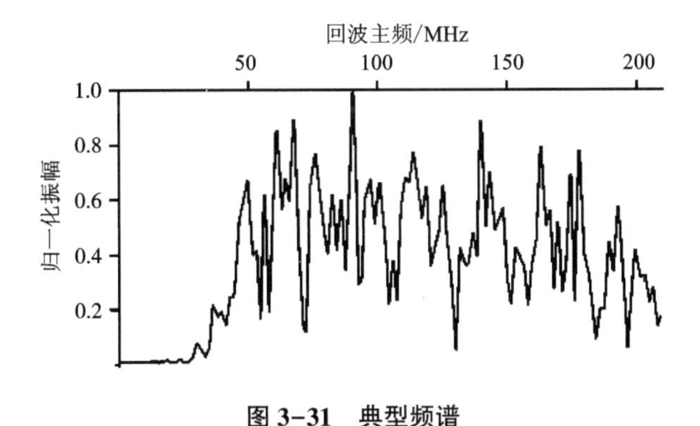

图 3-31　典型频谱

2. ω>32%

电磁反射并非随着 ω 的增长而无限增强：当 ω>32%时，电磁损耗增强，反射反而变弱，线测图表现为典型的“雪花状”特征，点测图表现为典型的“类直线状”特征，频谱能量集中且主频分布范围为 20~65 MHz，低频特征明显。

图 3-32、图 3-33 为典型的线测图像弱反射特征，其中，图 3-32 为 ω=32%时现场探测所得图像，图 3-33 为 ω=37%时模型探测所得图像。

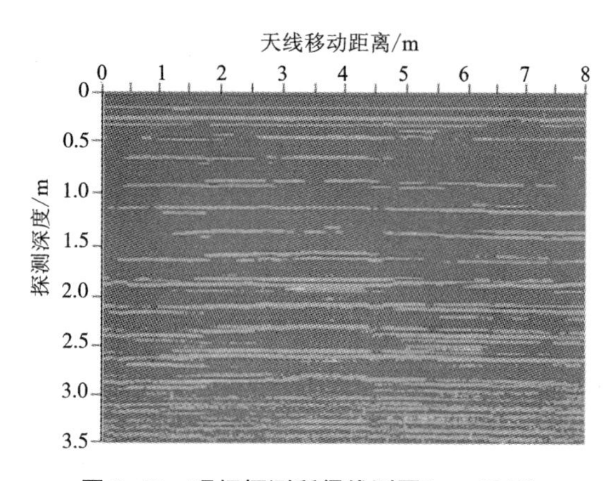

图 3-32 现场探测所得线测图(ω=32%)

由图 3-32 可知，电磁损耗较大，弱反射特征明显，1.5 m 深度范围内的波形较为均匀且多为水平状同相轴，但是波形明显模糊不清；从 1.5 m 深度开始出现了“雪花状”模糊信号特征，从 2.7 m 深度处已经无法分辨反射回波的同相轴信号，难以对填土状况进行分析判断，也就直接影响了对填土内部的压实状况进行预报。

图 3-33 表明电磁波在全深度范围内损耗严重，即便在模型填土的表层(10 cm 范围内)，依然无法对波形进行识别，存在大面积雪花状模糊信号，这表明此时已经无法采用地质雷达对路基内部进行预报分析，也就表明此时地质雷达探测已经失效。

图 3-34 所示为 ω=37%时模型探测所得点测图像，可见反射很弱，波形具有典型的“类直线状”特征，与上述线测图像一致，反映了电磁波产生了严重的能量损耗。图中标记部分是电磁波从空气进入填土表面时产生的反射，与填土内部反射无关，要注意区别。

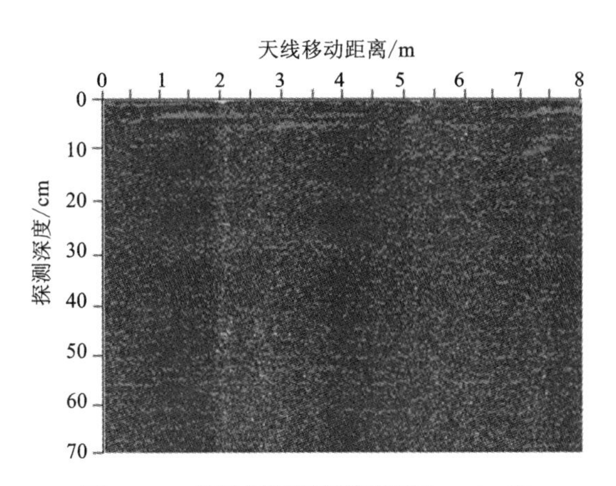

图 3-33　模型探测所得线测图($\omega=37\%$)

这种能量损耗，正是因为在高含水率条件下，可溶性硫酸盐具有较高的溶解度，导致填土中的游离离子浓度增加，增强了填土的电导率而极大地提高了土颗粒的电磁极化强度，从而导致入射电磁波的能量被迅速吸收损耗。

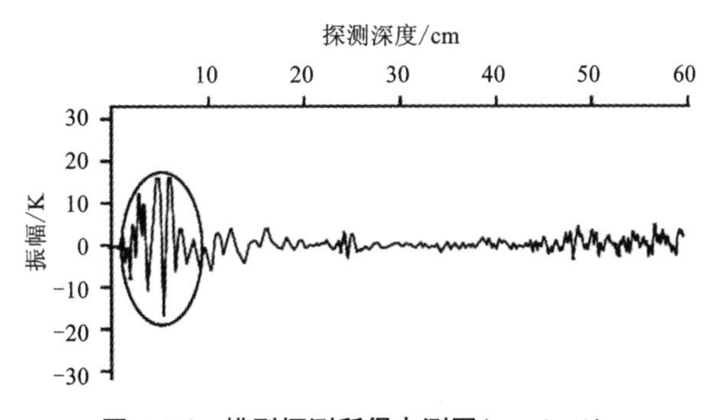

图 3-34　模型探测所得点测图($\omega=37\%$)

图 3-35、图 3-36 分别为 $\omega=32\%$时现场探测所得频谱图像和 $\omega=37\%$时模型探测所得频谱图像。可见频谱能量集中，低频特征明显且含水率越大主频越低，主频分布范围为 20~65 MHz。

理论研究表明，电磁波中的高频子波在媒介中传播时更容易被极化而导致电场—磁场强度迅速衰减，其衰减值取决于媒介的极化电势值。在高含水率条件下，更多的盐渍土颗粒被自由水所包围，新生成的自由水膜和土颗粒表面的弱结

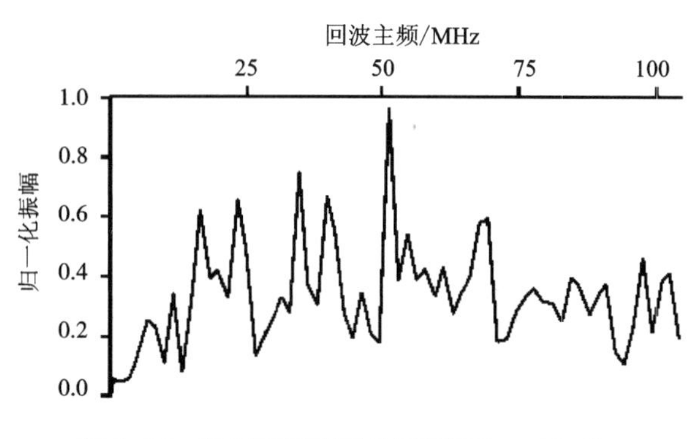

图 3-35　现场探测所得典型频谱(ω=32%)

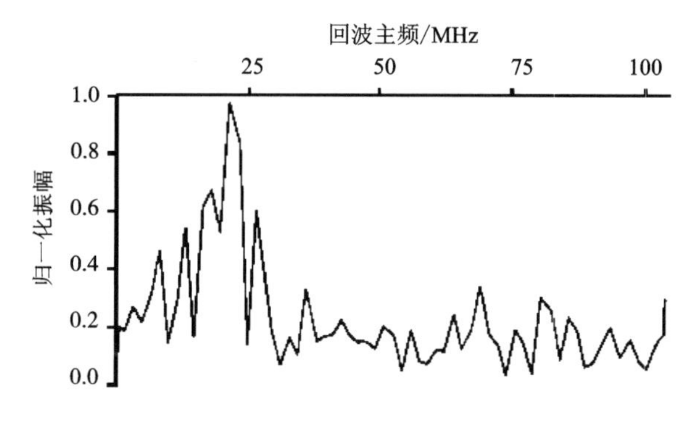

图 3-36　模型探测所得典型频谱(ω=37%)

合水均是电磁场传播的良好媒介，能增强土颗粒表面的电磁极化电势值，这就导致高频子波的电磁能量更易被吸收而使得低频子波更容易在填土内部继续传播，因而导致在高含水率条件下，天线接收到的回波以低频回波为主，即出现低频现象。此外，高含水率增强了填土内部的游离离子(SO_4^{2-}、Na^+、Ca^{2+}等)浓度，这同样增强了填土内部的电磁极化效果，使得高频子波更易被吸收。

由此可见，高含水率本身及由其引起的游离离子浓度的提高是导致低频现象的关键贡献因素。上述研究结果与理论分析基本一致，说明了现场探测和模型探测分析所得结果的有效性和归类分析的正确性。

将上述粗粒弱硫酸盐渍土的波形图像特征进行归纳，如表 3-10 所示。

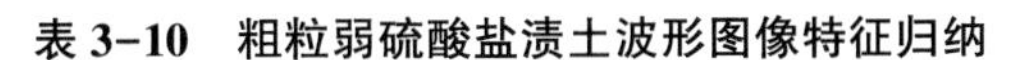

表 3-10　粗粒弱硫酸盐渍土波形图像特征归纳

特征项	含水率	
	$8\%<\omega<27\%$	$\omega>32\%$
线测图像	强反射特征明显，反射强度随含水率增大而增强	反射变弱，反射强度随含水率增大而变弱，直至模糊无法判别
点测图像		
主频是否突出	不突出，频率分布范围广	突出，范围集中
频谱能量分布	分散	集中
主频分布范围	无明显分布范围，但小于 200 MHz	20～65 MHz

第4章 波形数字特征与智能化判读

探测数据后期处理是地质雷达探测工作中的重要步骤，本章以理论分析和盐渍土地层的现场实测资料为基础，采用BP神经网络、Contourlet变换等图像处理技术对波形图像的数字特征进行提取分析并研究基于数字特征的智能化判读方法。

4.1 概述

地质雷达后期解译判读是整个地质雷达预报工作中的重要组成部分，地质雷达图像的判读特征是对不良地质体进行判读的重要依据，能否正确地对判读特征进行分析在很大程度上决定了能否准确地对不良地质体进行识别。多年来，人们在地质雷达判读方面进行了许多研究。

当前，在日常工程实践中被广泛采用的判读分析方法主要是通过对肉眼可见的雷达彩色图像或者灰度图中的定性图像特征(如双曲线特征、雪花特征、强反射特征等)进行识别进而作出相关的分析解答。毫无疑问，这种判读分析方法长期以来为工程实践提供了较好的指导。

然而，这种判读分析方法始终存在一个难以避免的缺陷，即对判读人员的主观实践经验具有很大的依赖性。具体而言，不同的判读分析人员由于其实践经验和专业知识储备的不同，即使面对相同的地质雷达图像，其判读结果也容易存在一定程度的差异性，甚至得出完全不一致的判读分析结果，这一缺陷显然限制了该研究成果的推广与应用。

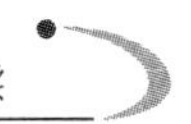

因此，为了弥补这一缺陷，寻求不因判读人员主观经验而改变的具有定量化特点的图像判读特征成了地质雷达预报工作中的一项迫切需要完成的工作。

根据电磁波的传播特性及地质雷达的探测原理可知，雷达天线接收到的电磁回波将通过信号转换器被转变为数字信号，最终以肉眼可见的彩色图像的形式进行显示。根据图像学可知，一个大小为 $M \times N$ 的图像是由 M 行、N 列个有限元素组成的，每个元素所在的行、列均对应有定量数字信息，如：颜色信息、纹理信息，故一幅图像的可见的外在视觉特征可以最终被定量地描述为颜色特征、纹理特征等数字特征，也说明反射回波的振幅、频率等波形特征具有与之相对应的数字特征。

可以看到，图像的颜色特征、纹理特征具有定量化特点，不因判读人员的主观变化而改变。因此，若能进行区别于常规的、定性的波形特征研究，对地质雷达实测图像的上述定量数字特征进行提取识别，那么对于规避常规的定性判读所存在的主观性缺点是大有益处的。然而在当前阶段，关于该方面的研究较为少见。

4.2　人工神经网络基本原理

时至今日，与神经网络有关的机理、算法、模型分析等研究在国内外被广泛开展，神经网络及其模型算法已经成了数学研究、图形处理、大数据处理等领域的重要工具。研究与实践证实，遍布人体全身的神经元相当于信号处理装置，不但可以发送信号也可以接收信号，还可以根据信号的强度大小对肌肉、骨骼的应激反应进行调整。人工神经网络正是基于此而被设计开发产生的一种高效模拟仿真算法，其基本结构如图 4-1 所示，该结构演示了输入信号经激活函数、权值处理后转变为输出信号的过程。

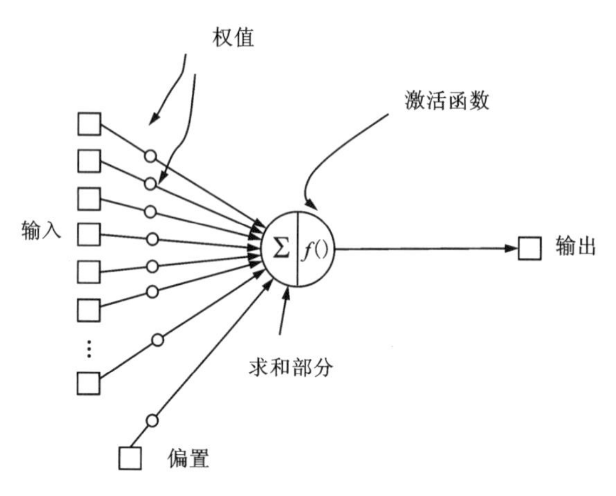

图 4-1　人工神经网络基本结构

4.2.1　神经元模型

1. 单输入神经元

在图 4-2 中，x 为输入参数、w 为权重值、b 为偏置系数、n 为中间输出参数、f 为传递函数、y 为输出参数，其工作原理可以描述为：首先输入一个参数 x，同时对其施加一个影响权重因子 w，然后将它送入到累加函数中；与此同时，对累加处理过程施加一个偏置因子 b，此时将产生中间结果 n；最后将 n 输入到传递函数 f 中进行运算，从而得到结果 y。

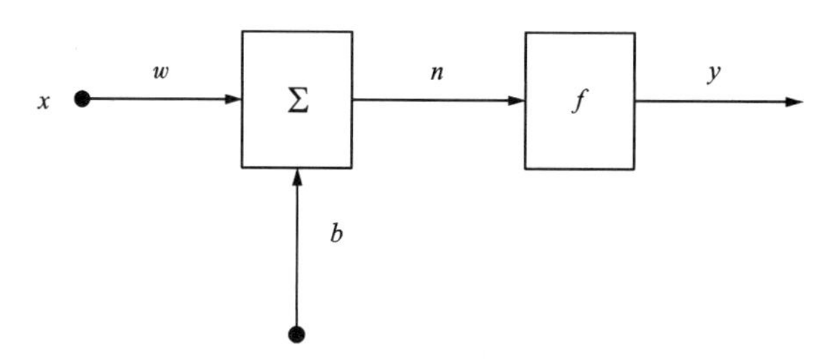

图 4-2　原理结构(单输入神经元)

需要注意的是，偏置参数 b 的取值必须根据实际需求进行调整，其取值可以

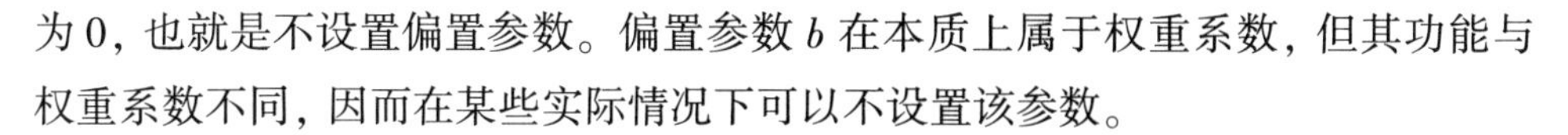

为 0，也就是不设置偏置参数。偏置参数 b 在本质上属于权重系数，但其功能与权重系数不同，因而在某些实际情况下可以不设置该参数。

2. 多输入神经元

假定有 R 个输入，分别记为 x_1，x_2，x_3，…，x_R，则经过累加器及函数 f 处理后，将生成新的参数 y，图 4-3 所示为多输入神经元的原理结构示意图。

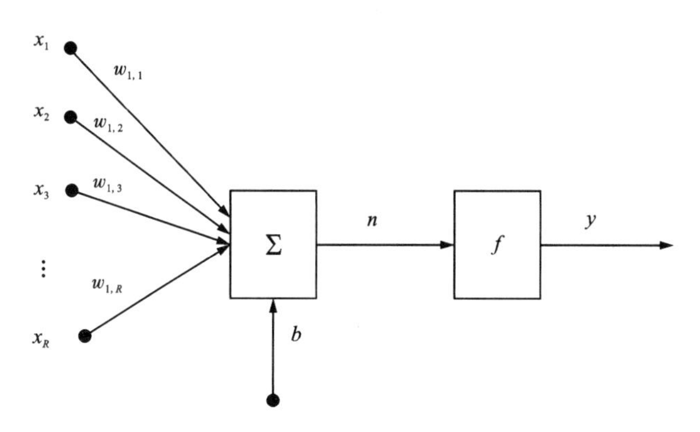

图 4-3　多输入神经元原理结构示意图

神经元模型是对输入参数进行运算处理的基本流程与结构，权重参数与偏置参数以及处理函数的运算法则都会影响最终的输出参数。因此，在具体应用时，必须充分考虑运算精度、相关性等指标。

4.2.2　传递函数

传递函数记为 $\varphi(v)$，其主要功能在于完成网络识别训练。具体而言，该函数将对累加器的输出参数进行处理从而得到一个新的输出参数并传递给下一层运算结构。因此，传递函数实际上是通过诱导局部域 v 来定义神经元的输出。应用最广泛的基本传递函数包括阈值函数和分段线性函数。

1. 阈值函数

如图 4-4 所示，阈值函数的运算结果只有两个：0 和 1。当阈值为 0 时，表示前述运算即将停止不再继续向下传递；当阈值为 1 时，表示前述运算将继续参与累加运算及其权重分配。传递函数在整个神经网络中都存在，因而每一层运算时都要利用到该阈值函数。

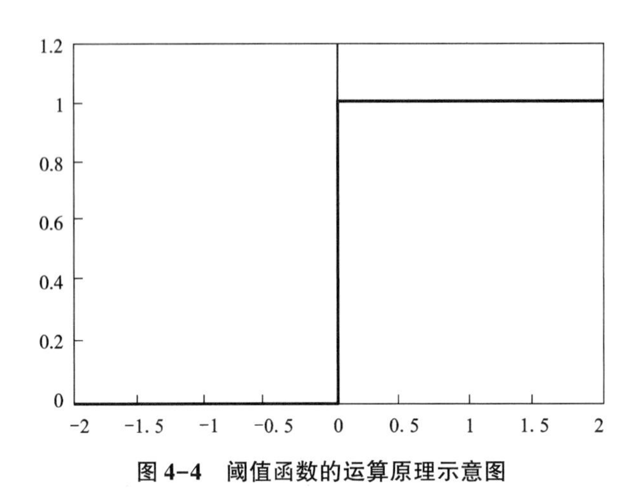

图 4-4　阈值函数的运算原理示意图

2. 分段线性函数

当局部域的范围不同时，传递函数的取值将不同，但依然会保持线性关系。由图 4-5 可知，当局部域的范围不同时，传递函数的取值将不同，但始终保持线性关系。

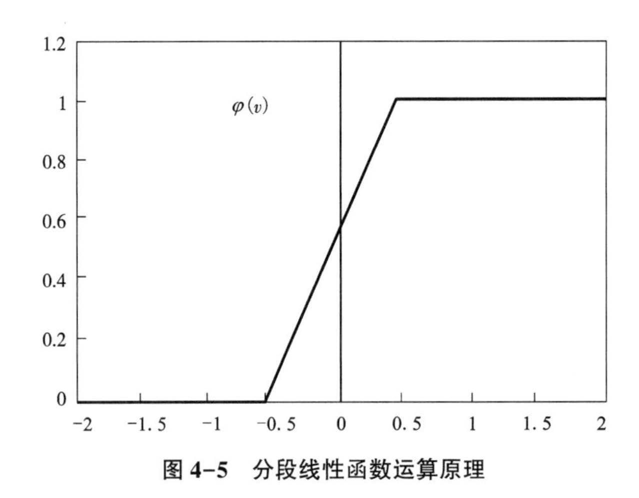

图 4-5　分段线性函数运算原理

上述两种传递函数是当前在工程科学领域应用最为广泛的基本函数形式，其本质是对上一层的输入参数进行赋值操作或者加权运算从而实现运算终止或者继

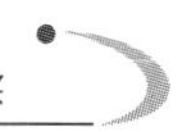

续传递的目的。通过传递函数，可较为便利地控制运算结构的时间和精度等指标。

4.2.3　网络结构

人工神经网络有三种结构，即单层网络、多层网络和递归网络。不同网络结构的功能不同，其基本原理亦不相同。

1. 单层网络结构

图 4-6 所示为单层网络结构的示意图，可见输入层的参数（白色方框表示）被传递函数直接传递到了输出层神经元（黑色圆圈表示）。

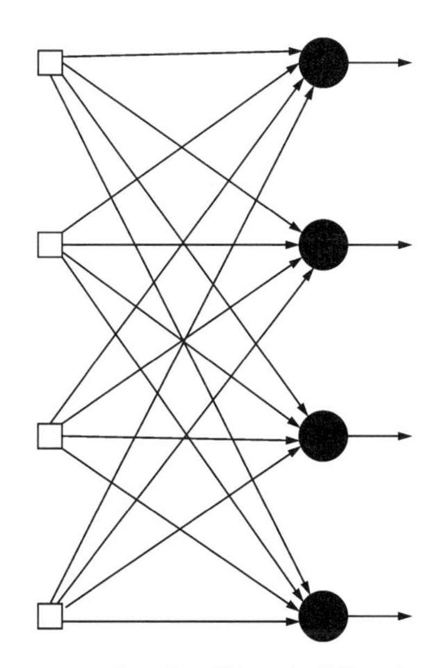

图 4-6　单层人工神经网络结构示意图

单层网络结构简单、易于理解且运算规则较为简单易懂，对于一些线性运算处理以及少参数条件下的运算较为匹配适用。当输入参数较多时，这类网络结构容易陷入最小值困境，导致输出结果产生误差甚至完全错误、失效。

2. 多层网络结构

如前所述，神经网络中的神经元以“层”的形式进行显示和参与运算。与单层神经网络相比，多层神经网络的隐层数量更多，这意味着输入参数之间将产生更

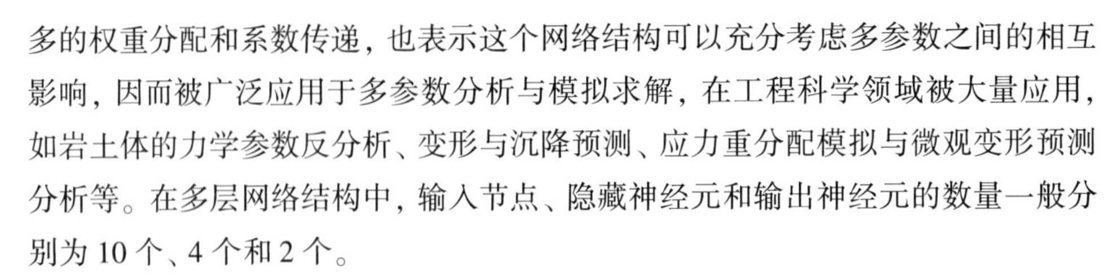

多的权重分配和系数传递，也表示这个网络结构可以充分考虑多参数之间的相互影响，因而被广泛应用于多参数分析与模拟求解，在工程科学领域被大量应用，如岩土体的力学参数反分析、变形与沉降预测、应力重分配模拟与微观变形预测分析等。在多层网络结构中，输入节点、隐藏神经元和输出神经元的数量一般分别为 10 个、4 个和 2 个。

3. 递归网络结构

与上述两种结构模型相比，递归网络结构是一种精度更高、运算更复杂且具有结果反馈功能的智能运算系统。相比之下，这种网络结构实质上在输出层增加了一个反馈层，功能在于将输出结果与输入参数进行对比以判断输出结果是否为满意输出。如果经反馈对比后发现两者之间的差不满足设定条件，此时网络系统将继续对参数进行迭代加权处理直至满足设定条件。

在不断地循环加权运算过程中，递归网络结构具有良好的自适应性，网络系统可以根据误差值自动调整动量赋值以及步长设定，是一种更加智能的逻辑推理分析结构。反馈功能对网络结构的整体学习能力和解的稳定性及其收敛性都具有深刻影响，在实际应用时必须考虑这一特点。

4.3 BP 神经网络

有时候，传统的人工神经网络不能解决非线性不可分问题且多适用于简单的逻辑推理运算。然而，大多数研究问题都是非线性且不可分的，此时传统的人工神经网络的运算精度与算法将不再适应。为此，经数十年的反复研究与论证，Rumelhart 及其团队成员最终于 1986 年正式提出了 BP 算法并基于此建立了 BP 神经网络模型。

4.3.1 BP 神经网络学习

1. 样本输入

样本输入过程也被称为下采样操作，作用在于对当前层进行运算后继续通过传递函数将参数传递至下一层直至到达最后一层以完成采样操作。样本输入阶段是整个神经网络获得未知参数的前置步骤，为了保证样本的有效性，在输入之前

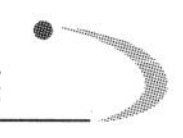

需对样本的容量、数据的有效性及其相关性进行检查。

2. 权值和阈值修正

完成样本输入后，系统将按照设定的传递函数以及权重分配系数、阈值对每一层的参数进行运算并传递至最后的输出层。由于权值、阈值、精度的设定不同，最后得到的输出结果未必是满意的结果，因而还需要不断地对相关运算参数进行优化、修正。

需要注意的是，在对运算参数进行修正优化的过程中，必须综合考虑运算过程的稳定性、收敛性和结果的有效性。此外，还要防止出现局部最小问题。

4.3.2　BP 神经网络算法

常用的 BP 神经网络算法有三种，每种算法的优势不同，功能也不同。

1. 最速下降算法

这种算法的本质在于改变运算过程中的梯度向量的大小及其方向。通过将该向量不断地与误差参数进行叠加处理，可最终实现误差向减小的方向产生变化，直至满足误差要求为止。

2. 动量算法

该算法需引入一个新的运算参数，即 η。动量因子的取值为 0~1。这个算法的本质在于利用前一次的修正结果来对本次的参数进行修正，从而实现每一层修正的累计传递，充分考虑了不同参数之间的相互影响。此外，该算法总会增大相同梯度方向上的修正值。

3. 学习效率可变算法

在上述两种算法中，网络的学习效率通常被设定为某个不变的常数。然而，算法的性能会影响学习效率。实践表明，在完成训练之前几乎不可能获得最佳的学习效率，因此必须建立一种能随着运算效率、收敛性以及精度而自动修正学习效率的算法。

4.3.3　神经网络反分析

人工神经网络具有良好的系统性推算性能，可以根据人工设定的权重系数、传递函数、阈值对样本参数进行训练和反算。自然条件下的许多复杂问题，往往是由多参数共同控制的，且不同的参数之间也会相互影响。在这种条件下，采用简单的线性分析方法已经很难获得相应的规律与目标取值结果，此时必须借助人工神经网络对参数进行综合推演。

近年来，人工神经网络在工程科学、医学、人文社会科学等领域得到了迅速发展，对相关参数进行反分析的研究也日益增多。

4.4 BP 神经网络与颜色特征提取

4.4.1 研究背景

如前所述，在探地雷达实践中被广泛采用的判读分析方法主要是通过对肉眼可见的雷达彩色图像或者灰度图中的定性图像特征(如：双曲线特征、雪花特征等)进行识别并给出相关的分析解答，这种判读分析方法具有一定的有效性和实用性，长期以来为工程实践提供了较好的指导，但对判读人员的主观实践经验具有很大的依赖性。因此，如何避免或者降低这种人为主观性缺陷带来的不利影响成了亟待解决的重要问题。

当前，随着图像处理技术与网络信息技术的发展，图像智能识别技术在人机图形工程学、数字视频与射频技术等领域得到了迅速的发展和广泛的应用，且这种发展和应用正在向多领域、多层次渗透，其中交通智能化系统中的车牌智能识别技术以及刑侦中的人脸识别与指纹识别技术就是智能识别技术广泛而成熟的代表性应用。

图像智能识别技术能较好地避免人工识别的不足，其关键在于寻找图像中的典型特征。与土层的结构层相比，土层内部的空洞属于异性介质，而空洞的洞壁则是电性参数的显著变异点，当雷达发射的电磁波到达洞壁时，在时间剖面上往往表现为双曲线形态，这是探地雷达二维回波图像中的典型特征。图 4-7 所示为在新疆 G315 线民丰—于田公路粗粒弱硫酸盐渍土路基工程中进行实测得到的内部空洞的原始探测图像，在图中可看到一双曲线。

为了改善人为主观性缺陷对判读分析带来的不利影响，以此典型双曲线特征为例，拟尝试采用神经网络识别模型，研究分析粗粒弱硫酸盐渍土内部空洞反射图像的智能判识，同时采用 MATLAB 通用软件对重构后的双曲线灰度图像的颜色

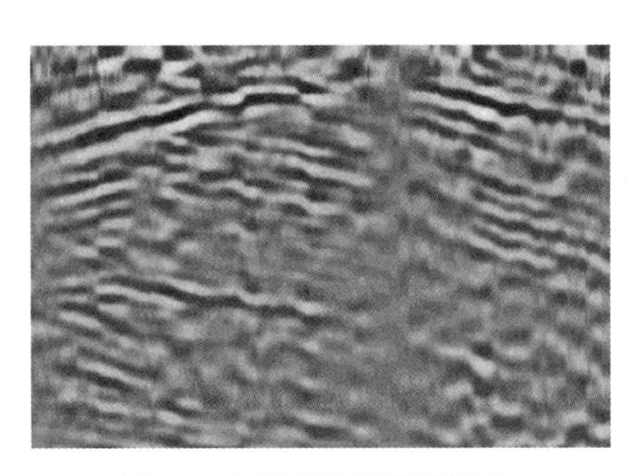

图 4-7　空洞探测双曲线原始图像

特征进行提取，以期为探地雷达图像典型特征的智能判识与特征提取提供相关参考。

需要说明的是，地质雷达波形图像的纵、横坐标分别表示测线的长度和探测深度。本章的重点在于从图像处理的角度出发阐述分析图像特征，采用相关算法对波形图像本身进行处理、变换和特征提取，因而纵横坐标的意义不大，故一律省略图像的坐标。

4.4.2　研究方案

根据探地雷达的探测原理，探地雷达在探测过程中容易受到外界噪声、振动、外加强电磁场等不利因素的影响，同时由于电磁波发射装置中的振荡电路的“振铃效应”等作用，导致探地雷达原始图像中存在“伪信号”，因而首先需对原始检测图像进行背景去除、滤波、反褶积等时间域和频率域数字处理，以达到抑制无效信号、突出有效信号以及消除多次波的目的。在此基础上，再进行图像的二值化处理和边缘形态学检测以进一步突出图像的有效特征。

随后，构建神经网络结构并进行网络识别训练与测试，并应用于双曲线图像实际识别，其技术路线如图 4-8 所示。最后，利用 MATLAB 通用分析软件，对重构后得到的双曲线灰度图的颜色特征进行提取。

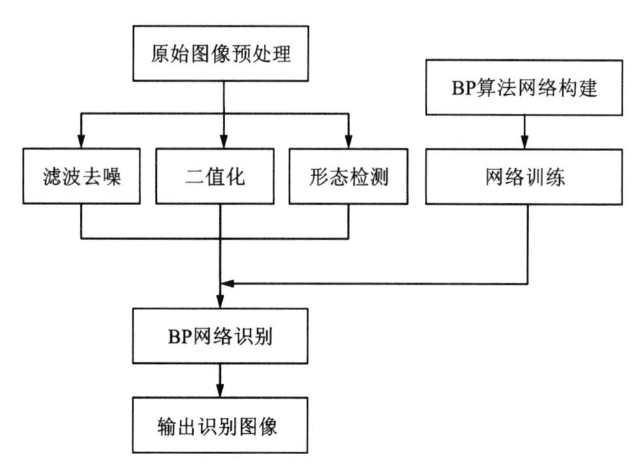

图 4-8　技术路线图

4.4.3　原始图像预处理

原始图像预处理的作用，是通过一系列时间域和频率域数字处理技术以及图像预处理技术对原始检测图像进行预处理，从而达到消除图像“伪特征”、提高图像质量的目的，主要有去噪处理、二值化处理和细化处理。

1. 去噪处理

在探地雷达数据采集的过程中，由于外部和内部噪声源的干扰影响，采集系统在采集真实的地下目标反射信号的同时，也会将噪声干扰信号记录下来，并同时反映在雷达原始图像上。噪声干扰在雷达原始图像上通常表现为虚假的分界面或目标轮廓线，并出现许多像雪花一样的散点，即“毛刺”，如图 4-7 所示。

因此，为了提高探地雷达原始检测图像的质量，需要对原始图像进行去噪处理，一般通过平滑滤波的方式进行。图 4-7 所示的双曲线图像为 SIR-3000 型探地雷达(美国地球物理公司生产)配备 900 MHz 屏蔽式天线并取采样点数为 1024 时得到的空洞原始反射图像。

采用雷达系统自带的 RADAN 7.0 雷达后处理分析软件，对该原始图像进行平滑滤波处理，滤波参数如表 4-1 所示，其他参数按软件自动默认的最优值处理。

表 4-1　滤波参数

参数	背景去除/Scans	高通滤波/MHz	低通滤波/MHz	叠加次数
取值	1024	225	2500	7

滤波后的图像如图 4-9 所示，可见原始图像中的大部分杂波被滤除，图像变得明晰清楚，双曲线特征更加明显。

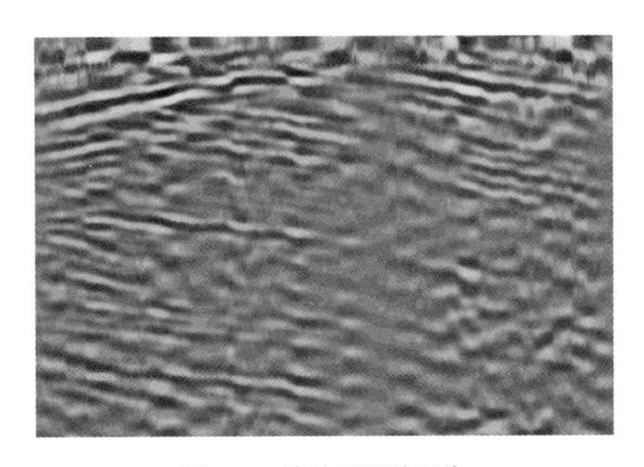

图 4-9　滤波后雷达图像

2. 二值化处理

所谓图像的二值化处理，指的是将彩色图像转化为仅包含黑色与白色像素的一种针对图像的数字处理方法，其过程为：设定一个阈值 T，用 T 将图像的色彩数据分成两部分，即将大于 T 的像素群的像素值设定为白色(或黑色)，小于 T 的像素群的像素值设定为黑色(或白色)。

因此，二值化处理将使得原始图像的多像素群被分界，多色彩信息被放弃，减少了像素类，最终只留下了黑色和白色像素，因而有利于神经网络的识别。

利用 MATLAB 软件，取阈值为 125 进行二值化处理，二值化处理后的雷达图像如图 4-10 所示。可以看到，二值化处理后的图像仅保留了黑色和白色两种像素。

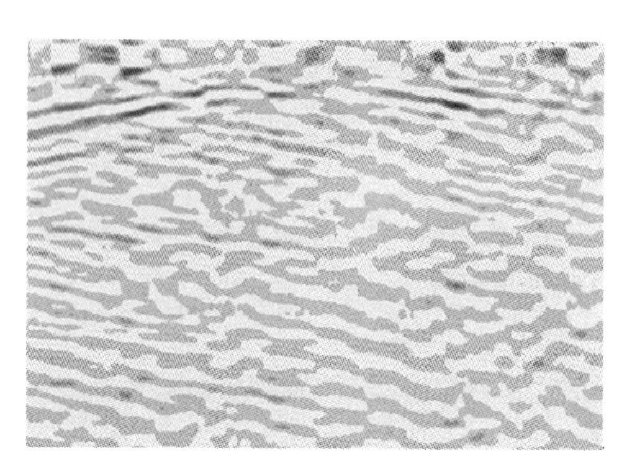

图 4-10　二值化处理后的双曲线图像

3. 细化处理

对于二维探地雷达图像，可以把目标体的边缘看成是不同区域的分界线，但由于地下岩土体介质反射的复杂性和多样性，导致不同目标体的反射信号在雷达图像上出现重合、共边缘或者相交等现象，这不利于双曲线的识别。

因此，若能更好地突出探地雷达图像的边缘分界线，去除无用的目标边缘，则显然更易于对目标体进行识别，也能更好地对图像特征进行识别。对此，细化处理技术能实现这一目的。

细化处理属于边缘形态学检测的范畴，其本质属于对二值化处理后的图像进行骨架化操作的一种运算方法。细化处理的目的是突出目标体的形态，增强目标体的可读性和快速识别性。当前，边缘形态学检测的方法还有开闭运算、膨胀、腐蚀、Hough 变换等。

距离变换算法是细化处理技术中的常用算法，该算法认为图像中每个像素的灰度值等于该像素与距其最近的背景像素间的距离，其运算结果会把二值化图像变成灰度图像，因此基于 MATLAB 矩阵运算软件，采用距离变换法对二值化处理后的雷达图像进行细化处理以增强其边缘形态。

细化后的图像如图 4-11 所示。可以看到，图中基本保留了较为完整的双曲线形态，曲线样条的连续性较好。

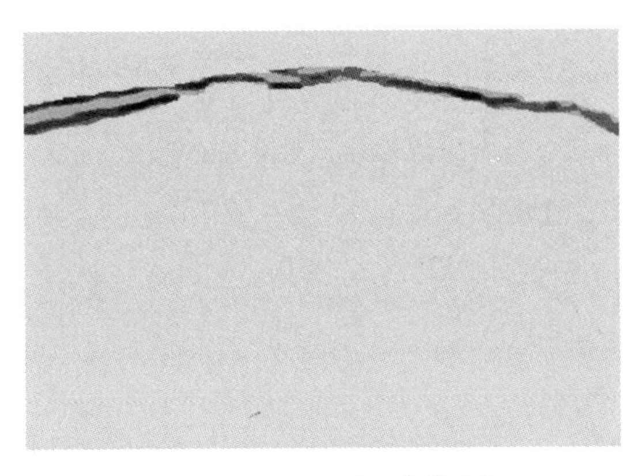

图 4-11　细化后的双曲线图像

4.4.4　神经网络构建

神经网络是模拟人脑神经工作模式的一种计算方法。神经网络由大量的神经元组成，神经元可以看成是连接节点，连接节点上被赋予了权重系数，因而神经元也是通过权重系数相连接的。神经网络的信息广泛分布于各权重系数中，而且神经元采用的是非线性的映射方式，因而有很好的容错性和系统稳健性。

具有以上特点的神经网络拥有很高的计算速度，且神经网络还具有自适应性，因而非常适合于图像识别。

1. 识别算法

对于人工神经网络而言，计算信息经过多层神经元的逐渐传播，易形成累加误差，导致误差变大。因此，必须采用一种能使误差函数沿梯度方向下降的神经网络算法。当前，在多种神经网络算法中，误差反向传播算法(又叫 BP 神经网络算法)能从输出层将误差信息反向传播，从而对权值进行修正以减小误差。

采用误差反向传播算法构建神经网络，其标准步骤详见神经网络构建的相关教材与文献，此处不再赘述。

误差反向传播算法虽然具有使误差函数沿梯度方向下降的优点，但是该算法在迭代的过程中不可避免地涉及收敛速度较慢的问题。因此，需要对其进行改进，方法是加入一个动量附加项，使网络在修正其权值时，能够将最后一次权值的变化通过附加的动量因子来传递，使权值的变化向下一层的方向平均发生改变，从而起到“稀释缓和”的作用，达到“软着陆”的目的。动量附加项的权值调节公式如式(4-1)所示。

$$w_{ij}^{k}(N+1)=\lambda w_{ij}^{k}-(1-\lambda)\beta e_{j}^{k}\alpha_{t}^{k}$$
$$\theta_{j}^{k}(N+1)=\lambda\theta_{j}^{k}N-(1-\lambda)\beta e_{j}^{k} \tag{4-1}$$

式中，λ 为动量因子，值域为(0，1)；e_{j}^{k} 为一般化误差；w_{ij}^{k} 为修正权值；θ_{j}^{k} 为阈值，值域为(-1，1)；N 为网络层数；α_{t}^{k} 为第 t 个样本元素；β 为均匀系数，值域为(0，1)。

2. 网络构建

构建人工神经网络，一个关键问题在于确定网络的隐层数量和显性层数的数量，重点在于保证网络运算速度的快捷性及其稳定性，同时还要保证良好的收敛性。因此，神经网络的隐层数量和显性层数的数量并非越多越好。

相关研究表明，单隐层的三层网络足以胜任多数复杂的函数，多隐层的网络更容易导致局部最小值，因而采用具有一个隐层的三层网络架构，如图 4-12 所示。

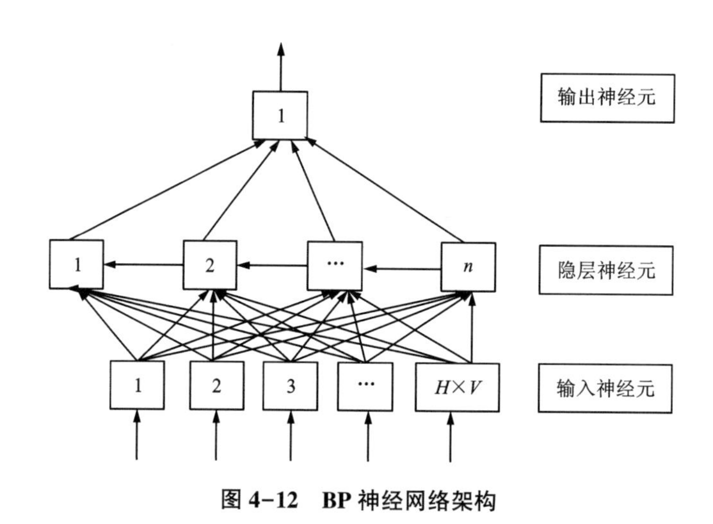

图 4-12　BP 神经网络架构

三层网络架构包含了 3 个层，即输入层、隐层、输出层，需要分别确定它们的神经元数量。这里采用逐像素的提取方法提取钢拱架反射双曲线的特征，也就是将每个点的像素值作为特征。

对于输入层，输入层神经元的数目取决于双曲线图像的采样点数，归一化后为 32×32(1024 个)，用 $H×V$(行×列)表示。

对于隐层，从理论上讲，其神经元数目越多，则训练所需时间越长，自然精度越高，但其数目若过高，则容易导致网络容量增大，也降低了网络对后期输入的吸收能力；若神经元数目较低，则降低了训练所需时间，但也很容易导致学习不足而降低精度。通过实验验证表明，n 值宜定为 10~18。

输出层的神经元数目只有 1 个。这里设定：当输出为 1 时，表示锁定目标；输出为 0 时，表示未发现目标；当输出值为(0，1)时，表示目标未知。

4.4.5　神经网络训练与识别

通过上述分析建立的神经网络模型对样本图像的识别输出结果未必理想，尤其是误差的大小未必能满足精度要求，且其泛化性能也未必能得到保障。因此，需要事先对所建立的网络进行训练，从而修正权值以减小误差。

在网络训练中，采用图像窗口的方式按照先行后列进行，共有 $H×V$(行×列)个输入点，输出值的取值为 0、1 以及(0，1)。为了增强样本的多样性，利用 MATLAB 分别对本工程实测图像中不同曲率的双曲线进行仿真，并用仿真数据与实测数据逐个对神经网络进行训练，以测算其对各类不同曲率样本的识别性能，以便适时地调整权重系数等参数。

接下来，用训练好的网络对已经经过预处理的实测数据进行识别，方法是：以 $H×V$ 为步长对雷达图像进行检测，如果某 $H×V$ 大小的一个子图像被认为是双曲线，则将该子图像保留不变，否则就将该子图像转变为空白，当全部子图像被识别后，便得到整幅探地雷达图像的识别图。

4.4.6　颜色特征提取

基于上述识别重构后得到的双曲线灰度图像，采用 MATLAB 分析软件对双曲线的颜色特征直方图(全局)进行提取，结果如图 4-13 所示。

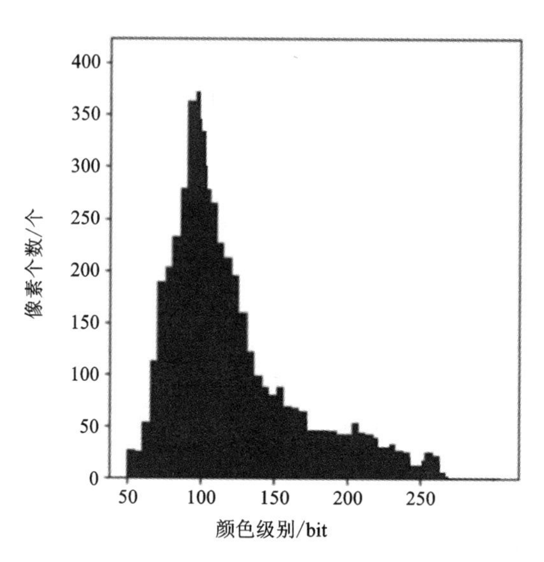

图 4-13　颜色特征直方图

实际分析时，首先调用 MATLAB 中的 imread( ) 函数和 imfinfo( ) 函数，以便调取图像并查看图像的信息。限于篇幅，部分代码如下：

```
functionhuidutu()
a=imread('C: \huidutu.jpg'); \\从电脑中读取图像
imfinfo('C: \huidutu.jpg');    \\查看图像的信息
subplot(2, 2, 1);
imshow(a);
title('huidutu');
ifisrgb(a);
b=rgb2 gray(a);             \\转换为灰度图像操作
end
……
```

4.5　Contourlet 变换与智能化判读

4.5.1　背景思路

如前所述，图像的颜色特征、纹理特征以及形状特征具有定量化特点，不因判读人员的主观意识而改变。若能区别于常规定性的判读对地质雷达探测图像的上述定量数字特征进行提取识别，那么对于规避常规的定性判读所存在的主观性缺陷是大有益处的。

为此，温世儒以隧道衬砌钢拱架探测图像中的典型双曲线特征为例，提出一种基于改进 BP 神经网络的判识方法对图像中的双曲线特征进行自动判识技术，经网络构建与训练，成功地识别了实例图像，并利用 MATLAB 子函数对灰度图像的颜色直方图特征进行了提取。刘宗辉基于属性分析，以电磁波中心频率这一定量参数的变化规律为控制因素，通过 S 变换和子波模拟对溶洞、破碎带实施了预报判读分析。李尧以相位、振幅和频率为指标，针对溶洞、断层、裂隙等不良地质体提出了复信号分析技术，通过 GPRMAX 正演模拟的方法对不良地质体进行了预报分析。

此外，高永涛通过隧道典型不良地质体信号与正常地质体信号在时域、频域及时频域三个维度的对比分析，确定了信号最大振幅幅值、最大振幅位置、信号能量、频谱熵、时频谱熵及 IMF1 分量最大振幅为不良地质体信号辨识的 6 个典型波形特征，再通过二分类模型实施了自动辨识。Liu 运用改进的双正交小波构建了运用于地质雷达信号定量分析的最优双正交小波基，提出了基于该小波基的地质雷达典型图像信号定量分析法（QAGBW 法），并成功将该法应用于模拟信号和典型空洞实测信号的定量分析中。考虑到地质雷达回波易受噪声等外界干扰，Tzanis 采用曲线变换（CT）方法对反射回波实施增强处理，然后采用多尺度计算模型提取识别了典型裂缝、断层以及不同层理的典型反射信号。

可以看到，上述研究均提出了基于定量特征对不良地质体进行预报分析的方法。温世儒所述 BP 神经网络具有良好的收敛性和较低的计算冗余度，对于诸如双曲线等典型特征具有良好的识别性，但是该网络对于边缘奇异段的逼近性、方向性较差，易导致边缘信息丢失，不适合非典型图像的识别，而地质雷达探测经常得到的是非典型图像。刘宗辉、李尧和高永涛虽然采用了定量特征分析，但是局限于反射回波的波形特征，并未涉及探测图像本身的定量特征。Liu 和 Tzanis 均从回波信号处理入手设计了相应的算法和提取模型对典型图像的信号特征进行提取，但提取得到的依然是回波的波形特征。

由此可见，目前还存在的不足之处有两点：一是当前多数识别研究主要集中在典型图像，对于大多数非典型图像自动识别方面的研究还不足；二是多数研究局限于波形特征，对探测图像本身特征开展的研究却依然不足。因此，寻找一种适合于地质雷达探测非典型图像、具有良好容错性和曲线逼近性的自动识别方法是十分有必要的。

对此，以前述新疆若羌县—尉犁县省道拓宽工程粗粒弱硫酸盐渍土路基工程现场探测获取的土层原始探测图像为样本，提出了一种基于 Counterlet 等高变换和 *K*-means++的频谱能量特征分析方法的探测图像自动识别技术。经工程实例验证，该方法具有较好的信息保真度和较快的计算速度，能为地质雷达非典型探测图像的自动识别提供相关参考。

4.5.2 现场探测

在现场地质调查的基础上，采用 GSSI-3000 型低功耗地质雷达配备收—发一体屏蔽式天线开展现场连续线测和点测。路基表面的测线、测点按照“网格型”布置，其中：测点沿测线进行设置，间距为 50~100 cm；测线在纵横向的间距均为 1~2 m。考虑到地质雷达容易受到外界噪声、锚杆等金属体的干扰，实际探测时须同时清除锚杆、钻机、钢筋网等金属干扰物体。

根据奈奎斯特定律，为了保证采样的有效性，连续线测时天线在路基表面上的移动速度小于 10 cm/s；点测时各个测点之间的间距为 1.0~1.5 m。部分探测参数如表 4-2 所示，路基土层的相对介电常数通过现场标定试验进行确定，其他参数采用系统默认值。

根据《铁路工程物理勘探规程》(TB 10013—2004)以及福建省地方标准《公路隧道地质雷达检测技术规程》(DB35/T 957—2009)的规定，每次探测时均进行现场标定试验，每次不少于 3 个标定点，并取算术平均值作为最终的相对介电常数。

现场标定方法：首先采用简易钻杆在路基面上钻孔，孔径为 40~50 mm、孔深为 30~100 cm(前述规程建议不小于 15 cm)；然后在钻孔位置进行连续触发探测，并根据探测剖面获取与钻孔深度相同位置处的电磁波双程走时；再根据式(4-2)

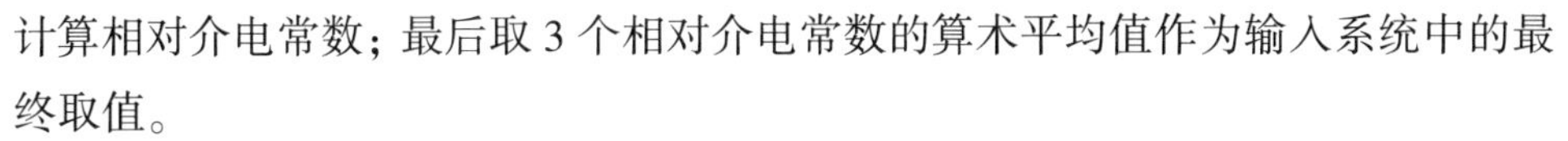

计算相对介电常数；最后取 3 个相对介电常数的算术平均值作为输入系统中的最终取值。

$$\varepsilon_r = \left(\frac{0.3t}{2d}\right)^2 \tag{4-2}$$

式中，t 为电磁波双程走时，单位：ns；d 为目标体的厚度，即钻孔深度，单位：m。

表 4-2　部分探测参数

类别		设置值
天线中心频率/MHz		900
信噪比/dB		>200
探测深度/cm		10～160
发射率/kHz		50
采样点数		512
垂直滤波/MHz	高通	200
	低通	2500
增益点个数		5

4.5.3　研究方案

地质雷达属于电磁勘探技术，探测时需按照主机电脑的设定向目标地层发射具有一定频率的入射电磁波。电磁波本质上属于交替变化的电场和磁场在空间中的传播，当遇到能使电磁场发生改变的介质时，电磁波将产生反射和折射。一般而言，地层本身是由固相、液相和气相组成的三相体，三相组成分子均属带电粒子，能与电磁波产生褶积从而改变电场和磁场并据此产生反射与折射，最终被雷达系统所接收。然而，目标地层周围的金属体（锚杆、钢筋网等）、管状电缆、外加电磁场等也会与电磁波产生褶积，由此导致雷达系统接收到的电磁回波不但来自真实地层，而且还来自外加干扰体。

干扰体造成的电磁回波会对判读分析造成不利影响，因而首先需要对原始探测图像进行滤波、背景去除、道间平衡、反褶积等时间域和频率域处理，以提高信噪比。在此基础上，采用 LP 滤波器对处理后的图像进行分解和重构以得到多方向、多尺度和多分辨率信息，然后采用 K-means++算法对重构后图像中的子带分布系数进行聚类处理以便将频率信息转化为颜色特征。其次利用 MATLAB 对颜色特征进行提取并据此建立不良地质体颜色特征样本库；最后将原始探测图像与样本库进行匹配对比以实现自动判读。上述方案和总体技术路线如图 4-14 所示。

近年来，神经网络、小波变换、*S* 变换等人工深度学习算法在地质雷达探测与检测后期解译判读分析方面得到了较为成熟的应用，实现了常规定性判读向定量判读的转变。目前国内外多数研究主要集中在波形与频谱特征(如幅值、回波主频、波速等)的定量提取，较少对探测图像本身的图形定量特征进行研究。事实上，探测图像本身正是波形与频谱特征的图像化，本章正是基于这一点提出有别于波形与频谱特征的图像特征判读分析方法。

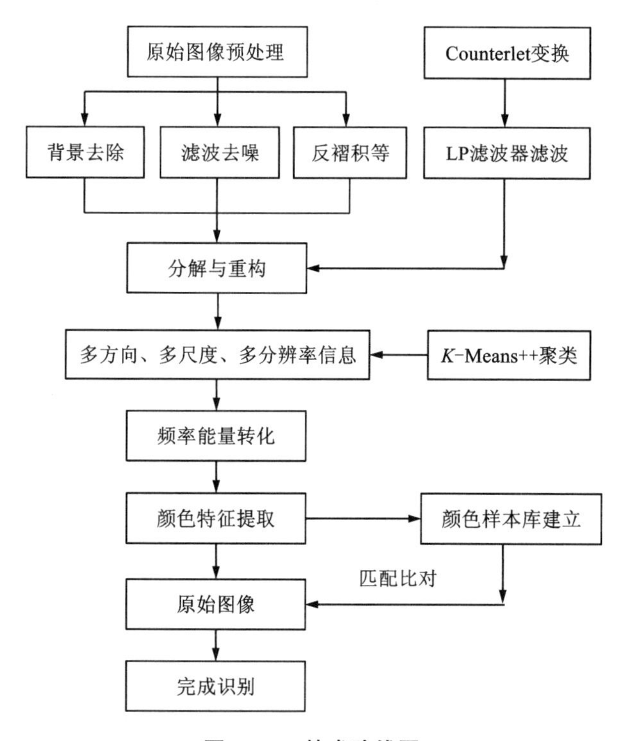

图 4-14　技术路线图

4.5.4　原始图像预处理

原始图像预处理的目的：一是为了消除或者弱化由于外界干扰造成的“假信号”以提高目标土层真实反射信号质量，二是为了消除相同目标体多次反射形成的多次波叠加，最终目的是为了提高信噪比。

1. 去噪

现场实际探测所得原始图像，由于杂波、多次波的影响，往往无法分辨真实的波形(如图 4-15 所示，经开挖验证为一空腔型溶洞的探测图像)。此时，需要进行去噪处理。滤波去噪的方法包含两类，一类是背景去除，另一类是平滑和垂直滤波。通过去噪处理，可以良好的提高信噪比，利于判读分析。采用 IDSP 分析软件进行去噪时，主要的去噪参数如表 4-3 所示，其中叠加次数等其他参数取系统默认值。

表 4-3　滤波去噪参数

参数	背景去除/Samples	IIR 滤波		FIR 滤波	
		高通/MHz	低通/MHz	高通/MHz	低通/MHz
取值	1023	45	210	225	2500

表中高通、低通参数是被保留电磁回波的频率上下限，只有介于该频率范围内的电磁回波才会被保留，该频率范围外的回波则会被滤除，在处理后的图像上不再显示，从而提高真实信号的反映度。

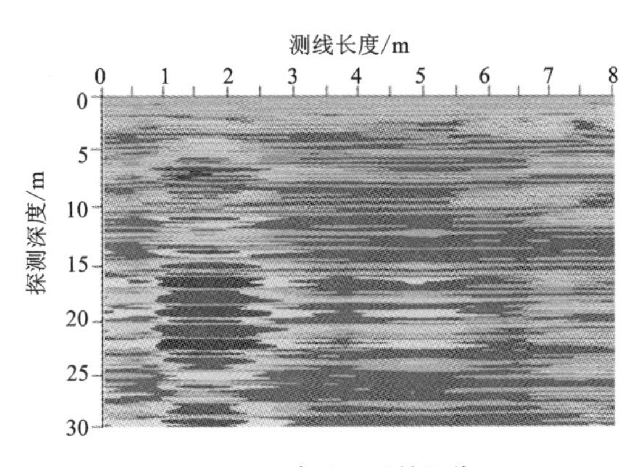

图 4-15　未处理原始图像

2. 反褶积

反褶积处理的目的在于对电磁反射子波进行压缩以及衰减多次波，从而在通道上仅留下反射系数以提高垂向分辨率。

图4-16所示为对图4-15实施背景去除、滤波去噪和反褶积处理后得到的图像，可见杂波和多次波被滤除，真实反射信号变得清晰，图中白框所示为滤波处理后的预判位置，黑框所示为开挖揭露后的位置，可见二者基本一致。

在判读中之所以要进行预处理，其原因在于地质雷达接收系统属于宽频带接收装置，不但会接收真实围岩的反射信号，也会接收非真实围岩的反射信号，导致原始图像中包含了大量的非真实围岩反射信号（如多次波反射信号、金属体反射信号、手机干扰信号等），这些假信号掩盖了真实的反射信号，如果不滤除此类假信号，那么在后续 *K*-means++聚类处理时，提取得到的是真假信号混合在一起的无用信号，这将导致后续的样本库无法被建立甚至其匹配与自动识别也会无效。

滤波、反褶积预处理的优势在于消除假信号而留取真实信号，以保证判读分析不被假信号所干扰、提高判读分析的准确性。

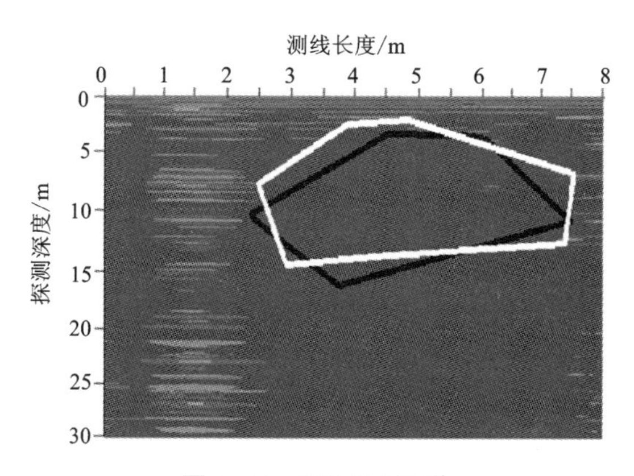

图4-16　预处理后图像

4.5.5　图像变换

1. 算法选择

一直以来，Fourier变换是图像信号处理的首选工具，在图像处理领域被广泛采用。该变换属于全信号处理技术，会对全时间域内的信号进行变换处理。Fourier 变换的一个不足之处是，对于局部信号的时频分析，分辨率无法自动与相应信号的频率进行调整，因而在分辨率和局部细化要求较低时其适用性更佳。为了弥补这一不足，小波变换被提出并相继得到了广泛应用。小波变换的显著优点是，在全局信号范围内能根据信号频率的高低自动进行分辨率调整，从而使得变换前后的图像分辨率更加均匀、连续。

对于地质雷达探测图像而言，其图像存在大量的局部化信号，从信号分辨率这一单因素来看，小波变换亦能满足变换前后的分辨率要求。然而，小波变换采用的基函数是缺乏方向性的正方形支撑域，这容易使得边缘逼近性差。地质雷达图像的边缘恰恰不是连续的，而是带有方向的细小曲线，由此导致小波变换无法对地质雷达图像的边缘信息进行“稀疏”表示。

因此，对于地质雷达图像而言，为了保证全局信号以及局部边缘信号均能得到连续逼近，需寻求一种具有良好多尺度、多分辨率和多方向信息的图像变换算法。

自然条件下的图像，其频率、分辨率和曲线连续性都是多方向、多尺度的。为了更好地对此类图像进行变换处理，Ridgelet 变换和 Curvelet 变换被相继提出。Ridgelet、Curvelet 变换在方向性、尺度性和分辨率方面较小波变换有了极大的改善，但对于曲线边缘的逼近效果依然不佳。为此，M. N. Do 和 Martin Vetterli 于 2002 年提出了 Counterlet 等高变换。

Counterlet 等高变换采用“长方形”基结构。该结构的方向不是固定的，能随着图像曲线的方向不断进行调整(即方向自适应性)，由此使得该结构在图像处理中具有良好的多方向性，适用于对多频率和多尺度图像信息进行处理变换，尤其适用于对带有方向的细小曲线或线段进行处理。因此，选择 Counterlet 变换的逼近曲线详见相关教材。Counterlet 变换对经过预处理的地质雷达图像进行分解与重构处理。

2. 图像分解与重构

除直线或者类直线段外，地质雷达图像中有许多细小的曲线段，具有典型的多方向、多尺度和多分辨率特征。采用 Counterlet 变换对地质雷达图像进行分解与重构的目的，就是为了得到探测图像的多方向、多尺度和多分辨率信息。

(1)LP 滤波器

拉普拉斯滤波器(LP 滤波器)是 Counterlet 变换中所采用的一种重要滤波器，其基本作用是将图像中的曲线样条按照频率的高低进行分离。

地质雷达探测时，入射电磁波经与地层介质发生电磁褶积后，其反射能量(电磁强度)会产生改变，具有不同反射能量的子波对应于不同的频率。地层介质的破碎性、富水性、填充性等物理特征对反射回波的能量具有直接影响，相同或者相近的物理特征对应于相似的回波能量及其频率。因此，若能将地质雷达探测图像中的曲线样条按照频率的高低进行分离，那么就能对相近物理特征土层介质的反射回波进行提取分类，从而为实现自动识别奠定基础，而 LP 滤波器恰好具备该功能。因此选用 LP 滤波器进行地质雷达图像的分解与重构。

LP 滤波器的分解过程，可以简单地描述为：按照设定的迭代次数，重复不断地进行下采样和低通滤波处理，直至达到需要的分解尺度。图 4-17 所示为 LP 分解结构图(图中各符号仅表示含义，不是某个量值，没有单位)，其分解过程可以描述为：先输入一个原始信号 x，然后低通滤波器 H 对其进行低通滤波处理，接着采样矩阵 $\boldsymbol{M}$ 对低通滤波处理后的信号进行下采样，并由此得到低通信号 c，此时再采用采样矩阵 $\boldsymbol{M}$ 对 c 进行上采样并使用滤波器 G 进行合成滤波进而得到信号 p，最后对 p 和 x 进行差运算得到输出信号 d。

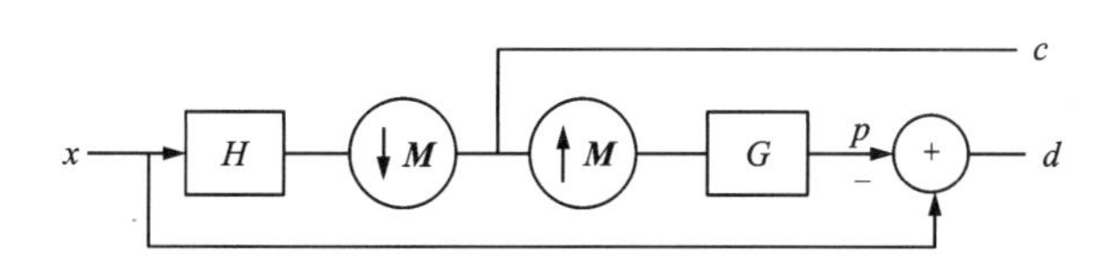

图 4-17　LP 分解结构图

图中：x 为输入信号；H 为低通滤波器；$\boldsymbol{M}$ 为采样矩阵；G 为合成滤波器；c 为低通输出信号；d 为高通输出信号。对于地质雷达探测图像而言，x 为经预处理后得到的图像，对该图像不断重复下采样和低通滤波，即可完成高频、低频信号的分离。

原始图像被分离成高频成分和低频成分，得到的是各方向、各尺度上相对应的高频信息子带和低频信息子带，为了对与子带相对应的轮廓信息进行提取，还必须得到各子带上的 Counterlet 系数。为此，还须对分离图像进行 LP 重构运算。

LP 重构是分解的逆过程，利用与分解算子相对偶的算子来实现，其算法在相关教材中可见，此处不再赘述，重构的基本程序如图 4-18 所示。

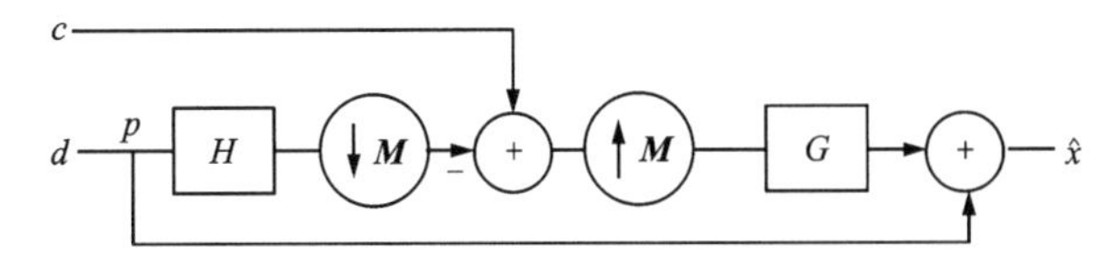

图 4-18　LP 重构结构图

图中：$\hat{x}$ 为输出信号，即重构图像；H 为低通滤波器；$\boldsymbol{M}$ 为采样矩阵；G 为合成滤波器；c 为低通输入信号；d 为高通输入信号。LP 重构过程可以描述为：对输入信号 d 作和运算得到信号 p，然后利用滤波器 H 对 p 进行低通滤波，接着利用采样矩阵 $\boldsymbol{M}$ 对滤波后的信号进行下采样运算，将低通信号 c 与下采样得到的信号作和运算并利用采样矩阵 $\boldsymbol{M}$ 进行上采样运算，最后利用合成滤波器 G 进行合成并与 d 作和运算而得到信号 x。

(2)探测图像分解与重构

基于上述分析，以工程 K30+105-K31+200 试验段的现场探测图像为例进行 LP 分解与重构。首先开展去噪预处理以抑制干扰波、提高信噪比，然后进行图像分解与重构。

第一步：图像预处理。

图 4-19 为经去噪预处理后得到的灰度图像，探测深度为 1.5 m，连续激发探测模式下的测线长度为 25 m。

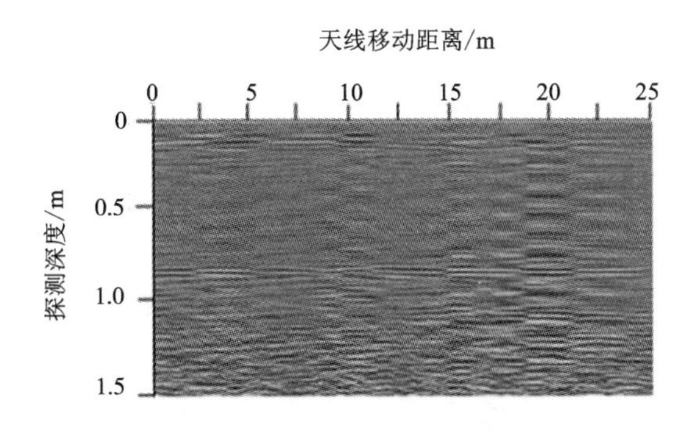

图 4-19　去噪灰度图像

可以看到，图像中的反射信号清晰，水平状反射特征明显且信号连续无间断，不存在显著的杂波等干扰信号。通过该特征，可预测路基填土的压实性较好，层状分层明显，没有明显的脱空、不密实等缺陷。

第二步：分解与重构。

由图 4-17 可知，图像的理论分解级数(用 n_{level} 表示)可以是无限的，直至图像被无限缩小、频率信息完全丢失，但为了保证频率信息的完整，实际分解级数取值通常小于 10。图 4-20(a)~(c)为 $n_{level}=2$、3、4 时的分解图像，可见随着级数的提高，图像逐渐缩小，当 $n_{level}=4$ 时，部分高频子带信息开始丢失，说明 n_{level} 的取值不能大于 4。

为此，选择 $n_{level}=3$ 进行分解运算较为合理。图 4-21 为重构后得到的图像，可见 LP 重构后的图像与原图能保持高度一致，信息不会丢失。

需要说明的是，地质雷达探测图像的纵向表示探测深度、横向表示天线的移动距离即侧线的长度。对于图像分解与重构而言，该坐标意义不大，因而图 4-20、图 4-21 均省略了图像的坐标。

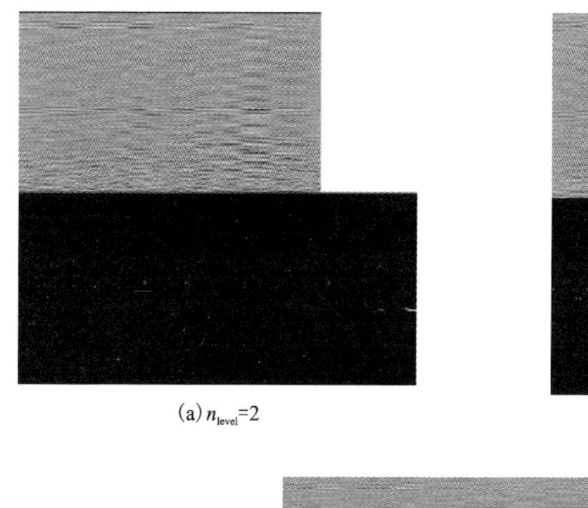

(a) $n_{level}=2$

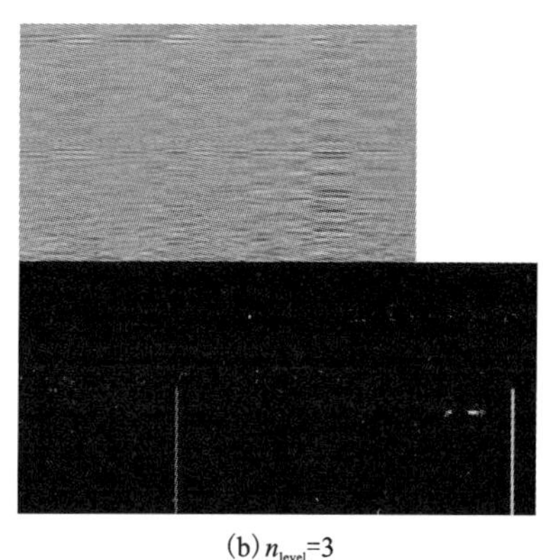

(b) $n_{level}=3$

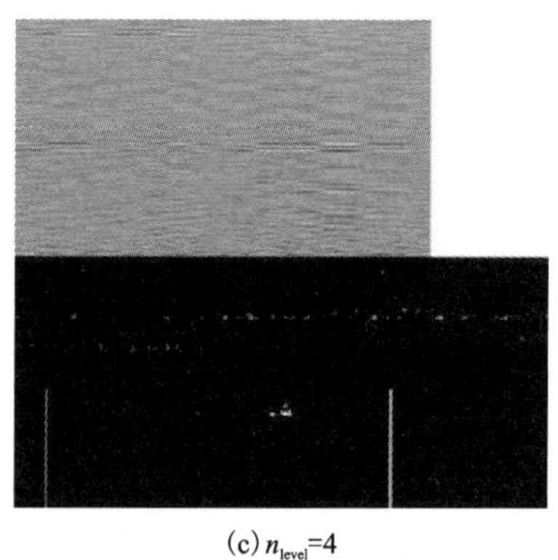

(c) $n_{level}=4$

图 4-20　LP 分解实例图像

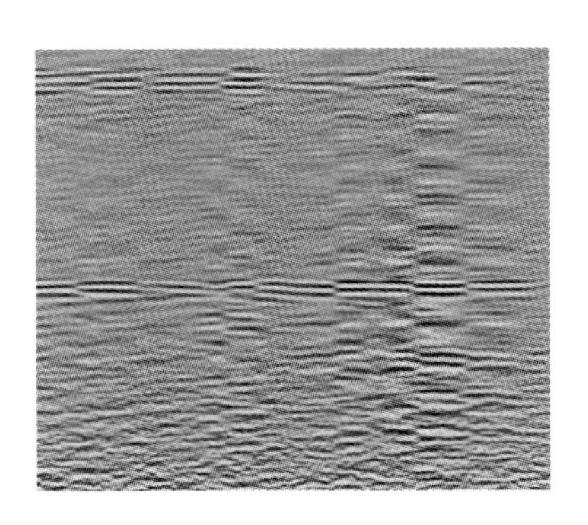

图 4-21　LP 重构实例图像

4.5.6　*K*-means++聚类分析与样本库建立

1. *K*-means++聚类

上述 LP 分解与重构将地质雷达探测图像分离成高频和低频图像，分解与重构过程中各方向尺度上的 Counterlet 特征系数是反射回波频率及其能量的数字表达，其数据量较大，单纯地依靠特征系数在实际工作中不利于判读分析。一个可行的方法是：通过 *K*-means++聚类分析，对特征系数进行提取以及实施聚类采集并以类为单位赋予相应的颜色，进而得到直观、清晰的探测图像彩色特征图，不同的颜色就代表了不同的反射频谱能量。

K-means++聚类分析首先需确定聚类中心的个数。根据依托段路基探测与验证，路基土层的含水率和含盐量范围如表 4-4 所示。因此，对于该路基工程，其聚类中心 *K* 的取值选 12。然后，按照该聚类中心对特征系数进行聚类及赋色运算，从而把探测图像转化为彩色图像，实现“反射回波频率—特征系数—颜色”的转变，其中颜色的深浅表示反射能量的高低。*K*-means++聚类是图像处理领域的成熟算法，已被广泛采用，详细算法详见相关文献。

表 4-4　依托段路基含水率、含盐量范围

序号	含水率/%	序号	含盐量/%
1	3.3~12.6	1	3.9~5.2
2	14.5~25.8	2	5.5~7.8
3	>27	3	8.1~9.8
—	—	4	>10
总水平数	3×4=12		

2. 建立样本库

基于上述分析，可以得到与路基土层物理特征相对应的反射能量频谱，也就是彩色频谱图。据此，对实际探测所得、经验证后的 12 类盐渍土的探测图像进行上述去噪预处理、LP 变换以及 *K*-means++聚类运算获取彩色频谱图后，利用 MATLAB 建立样本库，基本步骤如下：

```
①open→file→new→lib;    //建立新的窗口，需保存为* .mdl 格式
②simulink→mylib;    //建立目标库
③file→setpath→add folder→save; //设置存储路径
④input orders:
which('slblocks.m', '-all')
open('D: Program Files/Matlab/toolbox/simulink/blocks/slblocks.m');
//打开 slblocks 文件模板
⑤browser(1).lib='DIZHILEIDA';
browser(1).name='YANGBENKU';
⑥open→simulink→mylib;    //打开目标库
⑦F5→show→complete;    //显示库
```

通过上述步骤，对原始图像进行滤波、去噪预处理，然后采用 LP 滤波器进行分解与重构以获取多方向、多尺度、多分辨率信息，接着利用 *K*-means++进行聚类处理以转化、提取其频谱能量图像，最后只需将 12 类盐渍土的彩色频谱能量图像导入就可以建立探测图像的彩色样本库。对于后续探测所得图像，按照上述步骤，经去噪预处理—LP 变换—*K*-means++聚类后，调用 imread 颜色读取函数分别读取样本彩色图像与目标彩色图像的颜色分量，就可以完成图片的匹配比对，实现含水率、含盐量物理特征的自动判读。

4.6　Contourlet 智能化判读实例

4.6.1　现场探测

根据上述分析，以新疆若羌县—尉犁县省道拓宽工程为依托开展现场探测并进行探测图像的频谱能量自动识别。该道路拓宽工程的基本概况如 3.5.1 小节所述，此处不再赘述。图 4-22 所示为里程 K31+106 处的现场探测图像(已省略纵横坐标)。

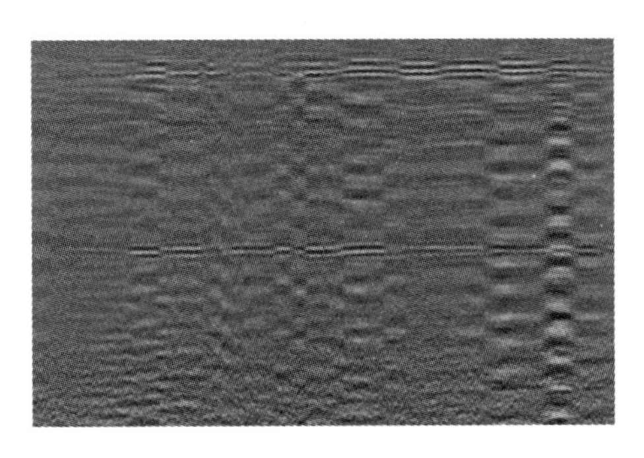

图 4-22　现场探测图像

4.6.2　LP 变换与 *K*-means++聚类

对现场探测图像进行 LP 变换处理，通过分解与重构对图像多尺度、多方向和多频率特征进行提取。图 4-23 是经变换处理后得到的特征提取图像，其中参数 N 表示像素比例，pixels 表示像素。

像素比例会影响特征提取的结果，取值过大容易导致高频信息丢失。因此，在对探测图像的特征进行提取时需选择合适的像素比例。根据作者及团队成员的前期研究并借鉴相关文献，像素比例取 1.5%。

经上述 LP 变换处理后，对特征提取图像进行 K-means++聚类处理运算，以便将图像中的频率、能量转化为颜色从而实现灰度图像到直观彩色图像的转变。图 4-24 是图 4-23 经聚类处理后得到的相应彩色图像。

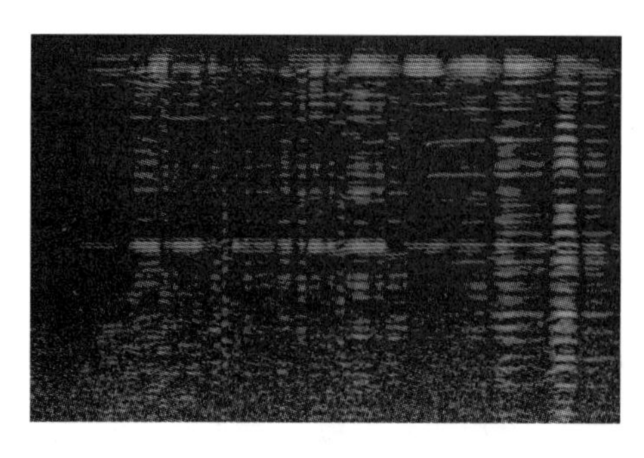

图 4-23　特征提取图像(N=1.5%pixels)

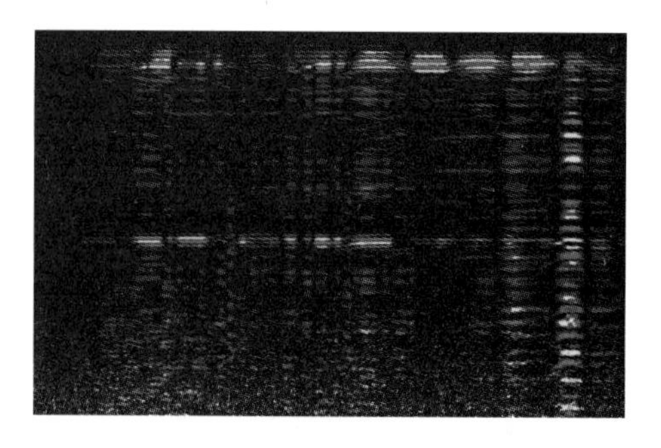

图 4-24　聚类处理后的彩色图像

对比图 4-23 和图 4-24，可见：①灰度图像经 K-means++聚类处理运算后变成了直观的彩色图像，灰度图中不同反射强弱的区域被赋予了不同的颜色；②反射越强(反射能量越大)的区域，在彩色图中的颜色就越深；③反射强度(反射能量大小)相近的区域，聚类处理时被赋予了相同的颜色。

4.6.3　自动识别与验证

将图 4-24(目标图像)导入至已建的 MATLAB 样本库，调用 MATLAB 自带的 imread 颜色读取函数对目标图像和样本图像的颜色分量进行读取匹配以便对路基土层内部的地质情况进行预报。

经匹配比对，系统自动给出了相应的盐渍土类型，如图 4-25 所示。

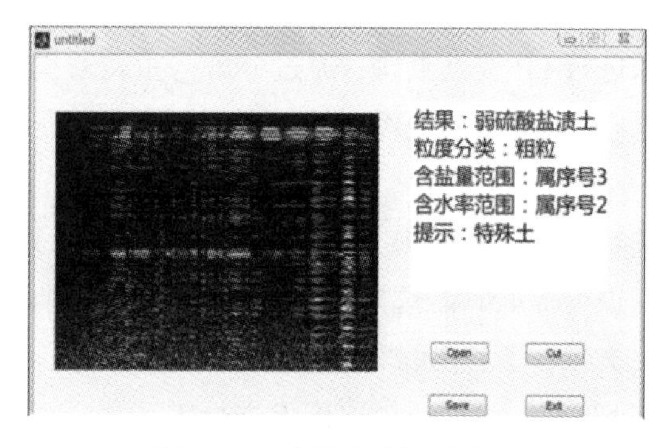

图 4-25　土层自动识别结果

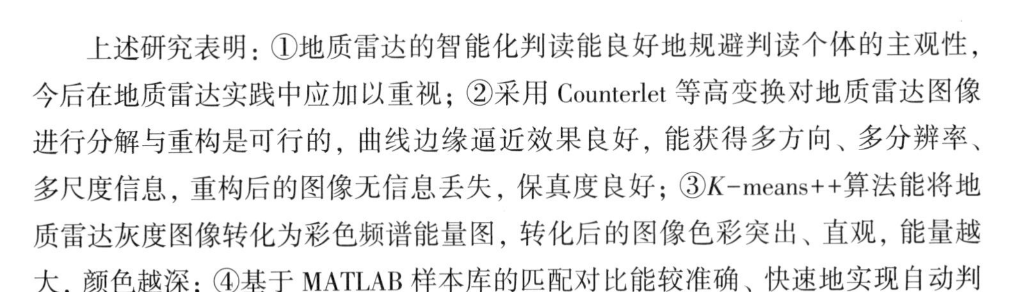

上述研究表明：①地质雷达的智能化判读能良好地规避判读个体的主观性，今后在地质雷达实践中应加以重视；②采用 Counterlet 等高变换对地质雷达图像进行分解与重构是可行的，曲线边缘逼近效果良好，能获得多方向、多分辨率、多尺度信息，重构后的图像无信息丢失，保真度良好；③K-means++算法能将地质雷达灰度图像转化为彩色频谱能量图，转化后的图像色彩突出、直观，能量越大，颜色越深；④基于 MATLAB 样本库的匹配对比能较准确、快速地实现自动判读，可自动给出围岩级别和施工建议。

需要说明的是，样本库的匹配精度与样本库中盐渍土地质条件的类型数量及其容量有关，类型越多、容量越大则精度越高。为了进一步提高匹配精度，还需进一步细化样本库中盐渍土地质条件的类型并增加其容量，这也是作者及团队成员后续还需继续完成的重要工作。

第5章　基于RBM模型的探测数据仿真处理

探地雷达数据处理是地质雷达判读分析研究的热点方向。人工智能领域的深度学习模型能够良好地表达图像特征，并且能对所需特征进行自动分析、提取，因而非常适合于大规模的图像数据处理。采用人工智能技术对地质雷达探测数据进行处理，可极大地提高分析效率、避免人工判读所存在的主观性不利影响，是目前地质雷达探测数据分析处理的重要研究方向。为此，基于新疆地区盐渍土土壤现场实测数据，本章选择RBM深度学习模型对探地雷达数据的仿真处理进行分析研究。

5.1　概述

当今国内外对探地雷达理论的研究主要分为三大类，即探地雷达波场分析、解释模型构建和地质雷达数据处理与判读。

在波场分析方面，主要以理论研究和实验研究为主，重点对电磁波穿越非均质复杂土层介质时的波场规律及其原理进行分析研究。在解释模型的构建方面，主要包括正演解释模型和反演解释模型，但地质解释系统主要依赖于实践经验的积累并在此基础上形成人工判读与解释，目前国内外已有许多研究人员在解译系统智能化方面开展了相关的研究工作。

在探地雷达数据处理方面，根据前述地质雷达探测理论与基本原理，探地雷达发射的电磁波在介质中传播时，其回波的产生过程非常复杂，容易同时受到多

种介质、多种程度的干扰。因此，如何准确地读取回波的有用信息是探地雷达数据处理的关键所在。近年来，综合使用计算机相关技术与工程实际验证相结合的方法对探地雷达图像进行处理的相关研究已经得到了广泛认可，目前在干扰信号消除、图形变异修正等方面取得了重大突破。然而，地质雷达干扰信号具有类型多、影响程度复杂的特点，由此转换得到的分析图像具有显著的边缘奇异性和非典型形态，这就对多类型图像处理技术及其有效性、合理性提出了要求。

深度学习结构是数据分布式表示的产物，适当的分布式可以更准确地描述概念之间的相似性。深度模型结构采用了多层学习机制，可以对地质雷达的图像输入信号的数据特征进行分层提取，能更好地使用特征对原始输入进行表达。

为此，在现场实测的基础上，本章提出尝试采用 RBM 深度学习模型对探地雷达的实测数据进行分析处理。

5.2　深度学习的发展与应用

深度学习属于机器学习的范畴，是机器学习的一个新兴研究领域。近年来，随着计算机图形处理技术的飞速发展，深度学习的应用越来越广泛，所涉对象具有范围广、类型多样的特点。

5.2.1　机器学习的发展

机器学习是人工智能的一个分支，也是人工智能的代名词。计算机通过使用一系列机器学习算法，能够在大批量历史数据中进行学习并得出相应的规律，为后续的研究工作奠定理论基础。

自 20 世纪 90 年代以来，机器学习的发展共出现了两次比较大的技术飞跃与变革，即浅层学习以及深度学习。20 世纪 90 年代末期，以 BP 神经网络算法为代表的浅层学习为机器学习提供了一个新的研究领域，并就此在全球掀起了浅层学习的热潮。2006 年，全球最具权威之一的学术期刊 Science 刊登了由加拿大多伦多大学教授 Hinton 及其学生所著的一篇关于深度学习的文章，该文所述的基本思想、技术发展方向以及实现手段为当时的机器学习研究指明了新方向，自此开启了机器学习的第二股浪潮。

随着深度学习研究工作的不断深入以及研究力度的持续增强，斯坦福大学、蒙特利尔大学等世界知名高校纷纷加入到了这一研究行列。同时，各国政府也开始纷纷支持深度学习研究并投入了大量的研究经费。2010 年，美国国防部成为第一个资助该项目的政府机构，这一举措对全球深度学习研究领域而言都具有深刻意义和示范作用。此后，深度学习在各个领域的应用也越来越广泛，如：Google 和微软研究院的研究者通过卷积神经网络算法将语音识别的错误率降低了 20%~30%，成了最近数十年来语音识别研究领域的标志性研究成果。随后，研究人员又将卷积神经网络技术应用于解决 ImageNet 问题，并成功地将错误率由原来的 26%降低至 15%。时至今日，机器学习已经触及现代生活的各个角落，是当今人工智能发展方向及技术变革的关键所在，并在图形处理方面具有效率高、错误率低、批量化处理等突出优势，是目前地质雷达探测数据处理的前沿研究阵地，为提高地质雷达判读分析效率、降低人工判读错误率乃至实现自动化判读指明了方向。

5.2.2 深度学习的应用

理论研究和实践表明，深度学习目前在语音识别、图像处理和自然语言处理领域得到了最为广泛、成熟的应用。

1. 语音识别

在很长一段时间里，语音识别技术大多采用混合高斯模型，该模型具有估计简单、适用范围广、区分训练技术成熟等优点。为此，在语音识别领域，混合高斯模型长期占据主导地位。随着研究的不断深入，人们逐渐发现混合高斯模型难以有效地对图形特征的空间状态进行完全化描述，并且该模型本身所具有的有限维数决定了它无法对各个特征之间的相关性进行充分表达。

对此，微软公司在 2011 年首次推出了一个由深度神经网络构建的新型语音识别系统，这一举措彻底颠覆了原有的语音识别技术。在进行语音识别时，深度学习神经网络能将连续多帧的语音特征进行联合从而形成新的高维特征，因而深度学习神经网络能通过对高维特征进行训练从而有效地对图形特征进行充分描述。此外，深度学习的多层隐含层可以逐级对图形特征进行提取并形成合适的模式分类，因而采用深度神经网络建立的模型能与语音识别实现无缝结合，从而使语音识别系统的识别率得到了大幅度提升。

2. 图像处理

图像处理是深度学习的另一个重要研究方向。1989 年，卷积神经网络

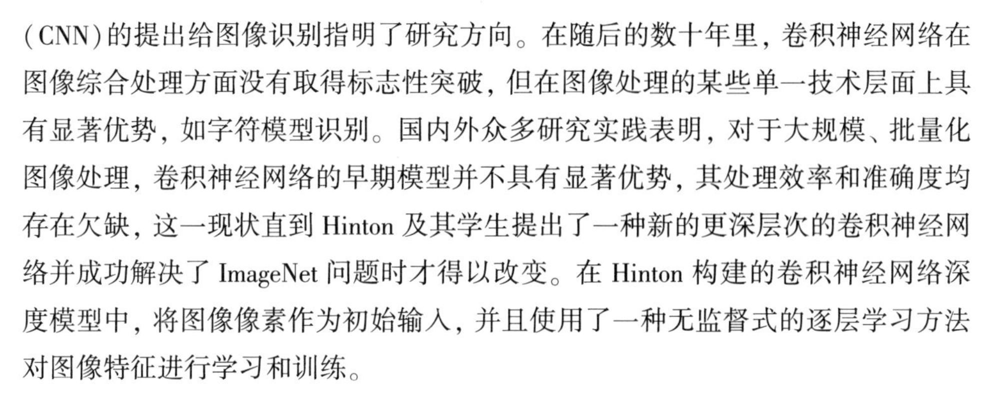
(CNN)的提出给图像识别指明了研究方向。在随后的数十年里，卷积神经网络在图像综合处理方面没有取得标志性突破，但在图像处理的某些单一技术层面上具有显著优势，如字符模型识别。国内外众多研究实践表明，对于大规模、批量化图像处理，卷积神经网络的早期模型并不具有显著优势，其处理效率和准确度均存在欠缺，这一现状直到 Hinton 及其学生提出了一种新的更深层次的卷积神经网络并成功解决了 ImageNet 问题时才得以改变。在 Hinton 构建的卷积神经网络深度模型中，将图像像素作为初始输入，并且使用了一种无监督式的逐层学习方法对图像特征进行学习和训练。

近年来，深度学习网络模型已经开始广泛应用于普通图像的识别和处理。在图像识别中，深度学习耗时短，能极大地提高识别准确性和计算效率。从深度学习以及图像处理技术的发展形势来看，深度学习将逐渐成为图像处理的主流方法。

3. 自然语言处理

随着深度学习研究的逐渐深入，人们发现深度学习在自然语言处理中亦能发挥重要作用。当前，自然语言处理的主流方法是使用统计模型，但统计模型中的人工神经网络却一直没有得到人们的重视及认可。2003 年，Bengio 及其团队成员利用 N-gram 模型中的非线性神经网络对自然语言进行了处理，并在处理精度上获得了巨大成功。至此，人工神经网络才逐渐得到了重视和应用。

NEC 美国研究院是世界上最早将人工神经网络应用于自然语言识别处理的机构，他们将嵌入卷积和多层一维卷积结构应用于实体识别命名(named entity recognition)、程序分块(chunking)、词性标注(POS tagging)和语义标注(semantic role labeling)中。经后期应用实践表明，这些研究均获得了巨大成功。

5.3　深度学习的原理和方法

深度学习是一种以特征学习为基础的无监督学习式的机器学习方法，目前已经开始应用于图像识别、语音识别、天气预测和基因表达等多个领域。深度学习的基本思路是先对原始数据实施预处理，然后再进行特征学习，最终达到推理、预测或者识别的目的。

很早以前，图像特征提取的主要方法是基于手动设计对图像特征进行提取，这种方法针对的是单一的输入信号且属于“显式”处理过程。然而，越来越多的研究和发现表明，输入信号并不都具有“显式”特征，此时传统的基于手动设计的特征提取方法难以发挥相应的提取作用。经典的例子是，生物学研究者发现哺乳动物在对信息进行表达、传送时，并没有一个“显式”处理的过程，而是将输入的信号在一个多层次的大脑中传播，并在每一层传播过程中进行特征逐级提取并依次实施表达。

这一发现促使了深度学习的兴起，人们开始设计深度学习模型并使用计算机模拟大脑的层次认知信号机制，再设计出多层网络用于对特征进行提取。目前，深度学习已经成为计算机研究方向的一个热点课题，具有研究类型多、复杂程度深和涉及面广的特点，相关新算法或改进算法相继出现并得到了成功应用。

5.3.1 基本原理

在一个 n 层(S_1, S_2, …, S_n)的系统中，输入信号 I 经过该系统的完整学习流程如图 5-1 所示，O 表示输出信号。需要说明的是，图中信号 I 和 O 仅用于示意说明，并不代表某实际参数，无单位。

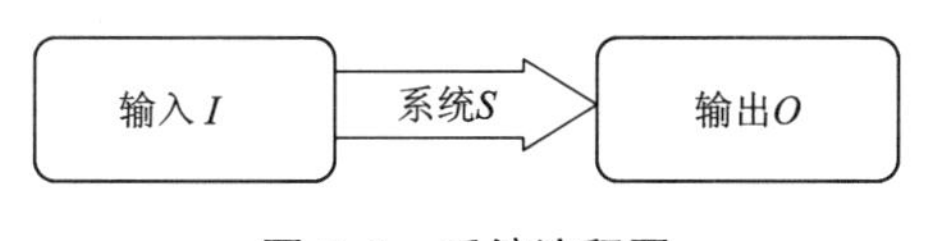

图 5-1　系统流程图

如果输入 I 与输出 O 相等，则说明该输入信号经系统 S 处理后没有丢失任何信息，并且输入 I 在每一层 S_i 中都没有产生任何损失，在每一层得到的输出都是原始输入 I 的完整表示。

深度学习是一种无监督式的特征学习，它可以自发地对特征进行学习并对其原始输入进行表示。在一个数量巨大的样本(如图像文本之类)中，采用上述系统 S 对其进行处理时，可通过调整系统中的某些控制参数使输入与输出相等，从而得到输入信号 I 的层次特征，即 S_1, S_2, …, S_n。

深度学习具有显著的结构层堆叠特征，可以将上一结构层的输出信号作为下一结构层的输入信号，如此便可以对输入信号进行分级表达。在处理实践中，由

于精度控制、字符溢出、信号叠加效应等限制，一般难以严格实现输出等于输入。因而，一般需对每一层的控制参数进行相关调整从而尽可能地减小输入信号与输出信号之间的差，这就是深度学习的基本原理和思想。

5.3.2 常用方法

深度学习具有多种学习方法，常用的学习方法主要有 5 种，即自动编码器、稀疏编码、受限玻尔兹曼机、深度置信网络和卷积神经网络。

1. 自动编码器

犹如人工神经网络一样，深度学习系统采用分层构架，如果每一层的输入与输出相同，那么只需对训练架构及各层参数进行相应的调整即可得到每一层的权值。由于系统的层次结构性，输入信号具有多种表达，能对输入信号进行表达描述的部分即被称为特征。自动编码器是一种能使输入信号再现的神经网络，在实现这种再现时，自动编码器需要捕获原始输入信号的重要特征从而对原始输入信号进行分析，具体步骤如下。

(1)选定样本并学习其特征

首先需选定未标记的数据样本进行输入，并使用无监督学习方式学习其特征。为此，将初始信号(用 x 表示)输入到一个编码器(用 encoder 表示)中，就会得到一个代码(用 y 表示)，该代码通过解码器(用 decoder 表示)解码后便会输出一个信息(见图 5-2)。在理想条件下，该输出信息应与一开始的输入信号是一致的，但实践中只要两个信息接近就可以认为这个 y 是可靠的。此时，只需要调整编码器和解码器的参数，使得信号重构时的误差最小，如此便得到了这个信号的第一个表达。

如果输出信息与一开始的输入信号存在较大的差值，则说明编码器和解码器的参数设置不合理，此时需不断地对参数设置进行调整。

(2)特征传递与训练

将编码器生成的特征作为下一层的输入，并对其进行训练。为此，需依次采用这样的方式进行逐层训练，即：将第一步得到的初始输入的第一种表示作为下一层的初始输入，再通过调整第二层编码器和解码器的参数使得信号重构误差最小，从而得到第二层输入的 y'，这个 y'就是原始输入信号 x 的第二个表达。以此类推，后续各层均按照该方法进行逐层训练。

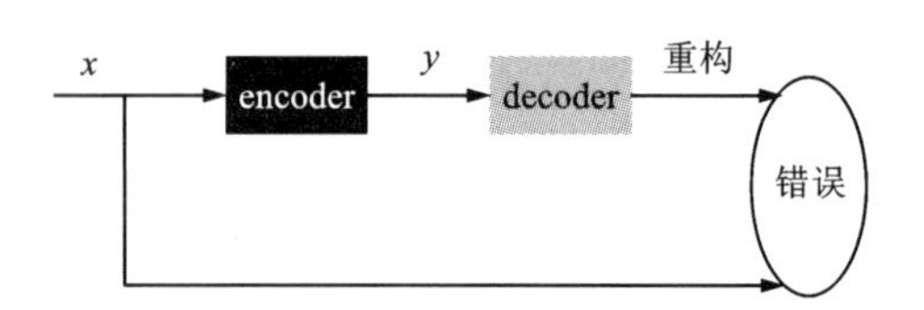

图 5-2　自动编码器模型

(3)微调

通过前两步可以得到输入信号的多种表示(跟层数有关)，但未实施分类。此时，需要在自动编码器的最后一层中增加分类器，并采用有监督的训练方法进行训练。训练时，只需要将最后的特征表示输入到分类器中，并通过带有标签的样本进行有监督式的学习。目前，常用的微调方式共两种，第一种方式是只对分类器进行调整，如图 5-3 所示；第二种是通过标签样本对整个系统进行微调，如图 5-4 所示。

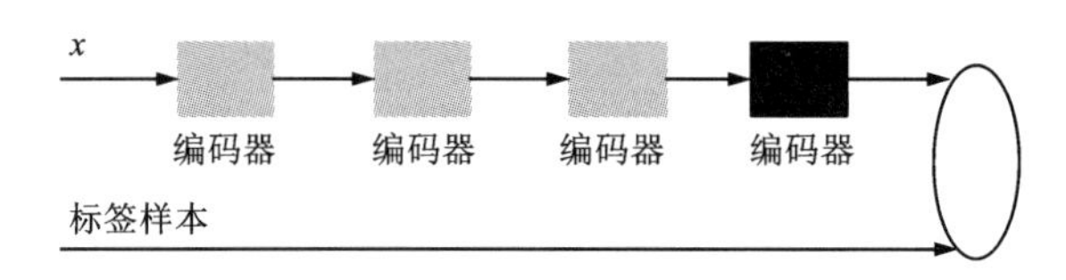

图 5-3　分类器微调

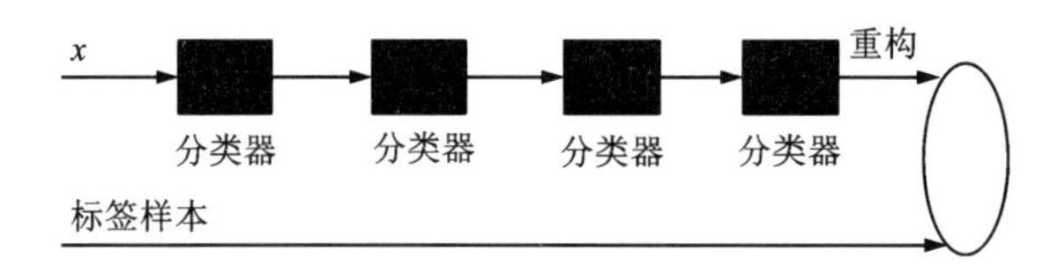

图 5-4　全系统微调

2. 稀疏编码

稀疏编码是一种以无监督特征学习为基础的算法，它能高效地表达样本数据。理论和实验证明，该算法的输入与输出不可能完全一致。一般情况下，只需将输入信号 I 与输出信号 O 之间的差值降至最低即可，即得到 $|I-O|_{\min}$。输出信

号 O 的表达式如式(5-1)所示。

$$O=a_1\times\varphi_1+a_2\times\varphi_2+\cdots+a_n\times\varphi_n \tag{5-1}$$

式中，φ_n 和 a_n 分别为基和系数。当获得了 $|I-O|_{\min}$ 时，使用 φ_n 和 a_n 就可以近似地表达输入信号 I。

与自动编码器不同，稀疏编码可以通过寻找一组“超完备”基向量来对样本数据进行表示，此时该“超完备”基可以更有效地对特征向量进行表达。实验研究表明，虽然可以较为简单地得到若干“超完备”基向量，但寻找一组能表示输入向量的“超完备”基向量较为困难。稀疏编码分为以下两个阶段。

(1)训练阶段

给定一个图片样本 $[x_1, x_2, \cdots]$，通过学习得到一组基 $[\varphi_1, \varphi_2, \cdots]$。实施训练时，需要交替改变 a 和 φ，从而使得式(5-2)所示目标函数最小。

$$\min_{a,\varphi}\sum_{i=1}^{m}\|x_i-\sum_{j=1}^{k}a_{i,j}\varphi_j\|^2+\lambda\sum_{i=1}^{m}\sum_{j=1}^{k}|a_{i,j}| \tag{5-2}$$

在实际迭代过程中，需分两步以完成对 a 和 φ 实施交替改变，从而获得最小的目标函数。首先，固定 φ_j 并对 a_j 进行调整，使得目标函数值最小；然后，固定住 a_j 并调整 φ_j 使得目标函数值最小。据此进行多次迭代，直到收敛为止，如此便得到了能对输入信号进行高效表示的基了。

(2)编码阶段

给定一个样本图片输入，其输入向量为 $\boldsymbol{x}$。此时，使用上一步骤得到的基，通过迭代便可以得到稀疏向量 $\boldsymbol{a}$。显然，该稀疏向量便是输入向量的一种稀疏表达。图 5-5 所示为一稀疏编码示例。

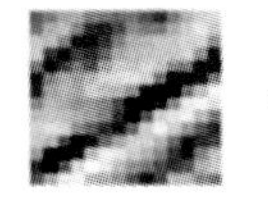

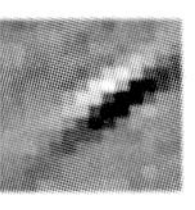

图 5-5　稀疏编码示例

3. 受限玻尔兹曼机

图 5-6 所示为一个二部图模型。该模型存在若干个输入层(用 v 表示)及若干个隐含层(用 h 表示)，且各层节点之间无相互连接。

令：所有节点都是随机的二值(0 或 1 值)变量，并且全概率分布函数 $p(v, h)$ 满足玻尔兹曼分布，此时这个模型就是所谓的 RBM 模型。

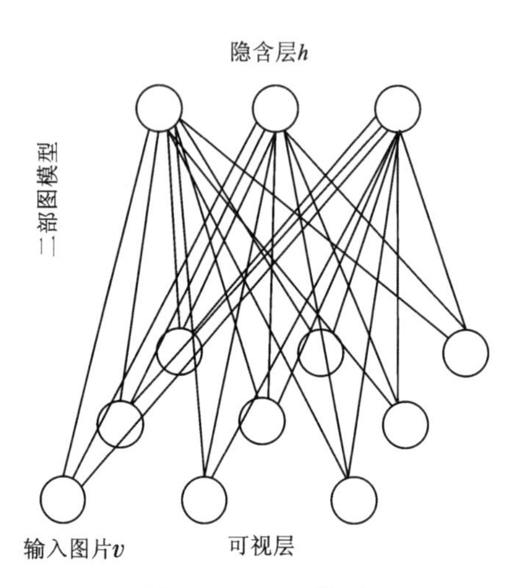

图 5-6 RBM 模型

RBM 模型为二部图模型，假如输入层已知，那么各个隐藏节点之间是条件独立的。同样，在隐含层已知的情况下，各个可视节点之间也是条件独立的。由于 v 和 h 都满足玻尔兹曼分布，所以在输入 v 的时候，可以通过 $p(h|v)$ 求出隐含层 h。同理，也可以通过 $p(v|h)$ 得到可视层。假如在参数的调整过程中，从隐含层得到的新的可视层与原本的可视层一致，那么这个隐含层便成了可视层的另一种表达。

理论和实验研究发现，在 RBM 模型的基础上，如果增加隐含层的数量，则可以得到深层玻尔兹曼机模型(也称为 DBM 模型)，如图 5-7 所示；如果在接近可视层时使用贝叶斯信念网络，并在模型顶部使用 RBM 模型，则可以得到深度置信模型(也称为 DBN 模型)，如图 5-8 所示。

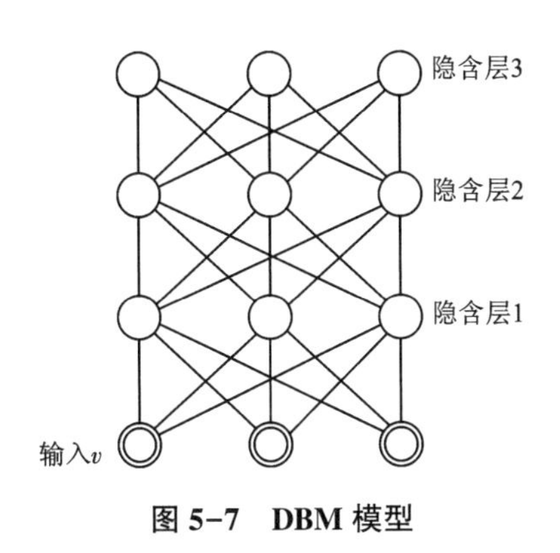

图 5-7　DBM 模型

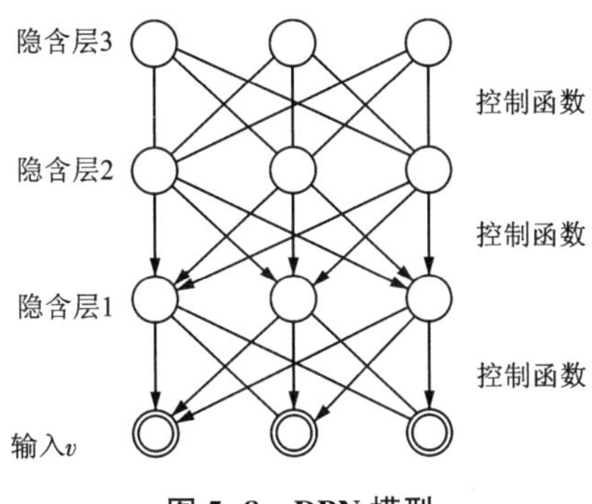

图 5-8　DBN 模型

4. 深度置信网络

深度置信网络是一个多层结构，每一层都是一个限制玻尔兹曼机(RBM)。各层的网络结构与 RBM 的结构一致，均包含一个可视层和一个隐含层，并且在可视层与隐含层之间存在连接，但每一层内的节点之间是没有连接的。

DBN 首先对隐含层内的单元进行训练，通过训练后捕获其在可视层内显现出来的特征，从而对原始输入进行表达。DBN 进行训练时，可以分为如下两个步骤：

步骤一：首先采用无监督逐层学习的方法训练并生成模型的权值。在这个阶段中，可视层产生的向量 $\boldsymbol{v}$ 通过可视层将值传递到隐含层。然后，随机选择可视层的输入信号，并借此重构原始输入信号。最后，通过这些新的可视单元对隐含层单元进行重构，从而获得隐含层单元向量 $\boldsymbol{h}$。

步骤二：完成上述训练后，需给定带有标签的数据，并使用 BP 神经网络算法对模型的性能进行判别，从而作出相应的调整。

5. 卷积神经网络

卷积神经网络(CNN)属于人工神经网络范畴，近十年来在语音分析以及图像识别领域得到了广泛认可及应用。卷积神经网络是一个多层神经网络结构，每一层神经网络均包含多个二维平面，其每个平面又由多个神经元组成，且这些神经元之间是相互独立的。卷积神经网络的基本模型结构如图 5-9 所示。

从卷积神经网络的基本结构图可以看出，该神经网络包含计算层(S 层)和特征提取层(C 层)，且 S 层位于 C 层之后。此外，在每个特征提取层之后都紧跟着

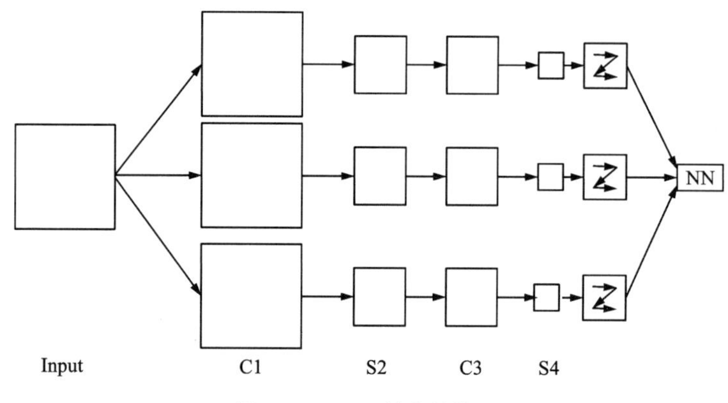

图 5-9　CNN 基本结构图

一个计算层。这种独特的结构使卷积神经网络可以较好地确定样本。

卷积神经网络的训练过程主要包括两个阶段，即：向前传播阶段和向后传播阶段。每个传播阶段又分为两个步骤。

第一阶段，向前传播阶段：

①从样本集中随机抽取一个样本(X, Y_P)，并将 X 输入到网络中；

②计算 X 通过网络产生的实际输出 O_P。

第二阶段，向后传播阶段：

①计算上一步中的 O_P(实际输出)与 Y_P(理想值)之间的误差；

②根据 O_P(实际输出)与 Y_P(理想值)之间误差的最小值进行反向传播并对权矩阵进行调整。

5.4　RBM 模型

RBM 模型是深度学习神经网络中的基本结构单元，同时也是整个深度学习网络的核心，为采用深度学习处理各类问题提供了一种有效的工具。

5.4.1　模型定义

RBM 模型的结构如图 5-6 所示。在一个受限玻尔兹曼机模型中，令可视层

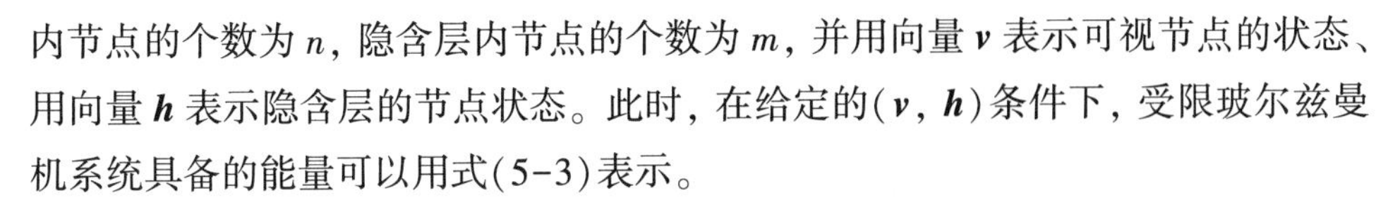

内节点的个数为 n，隐含层内节点的个数为 m，并用向量 $\boldsymbol{v}$ 表示可视节点的状态、用向量 $\boldsymbol{h}$ 表示隐含层的节点状态。此时，在给定的($\boldsymbol{v}$, $\boldsymbol{h}$)条件下，受限玻尔兹曼机系统具备的能量可以用式(5-3)表示。

$$E(\boldsymbol{v}, \boldsymbol{h} | \theta) = - \sum_{i=1}^{n} a_i v_i - \sum_{j=1}^{m} b_j h_j - \sum_{i=1}^{n} \sum_{j=1}^{m} v_i W_{ij} h_j \tag{5-3}$$

式中，$\theta = \{a_i, b_j, W_{ij}\}$ 为受限玻尔兹曼机的参数，并且这些参数均为实数。其中，a_i 表示可见节点 i 的偏置，b_j 表示隐含层节点 j 的偏置，W_{ij} 为可见节点 i 与隐含层节点 j 之间的连接矩阵。在 $\theta = \{a_i, b_j, W_{ij}\}$ 已知的情况下，可以通过上述能量函数得到($\boldsymbol{v}$, $\boldsymbol{h}$)的联合概率分布，如式(5-4)所示。需要注意的是，式(5-3)中的 a_i 和 b_j 均为无量纲，仅用于表示偏置程度的大小。

$$\begin{cases} P(\boldsymbol{v}, \boldsymbol{h} \mid \theta) = \dfrac{e^{-E(v, h | \theta)}}{Z(\theta)} \\ Z(\theta) = - \sum\limits_{v, h} e^{-E(v, h | \theta)} \end{cases} \tag{5-4}$$

式中，$Z(\theta)$ 表示归一化因子(也称为配分函数)。在实际应用中，一般假设受限玻尔兹曼机处于常温状态，因此不再考虑温度所产生的影响。

5.4.2　学习算法

RBM 模型主要包括 4 种算法，即 Gibbs 采样算法、对比散度算法、变分近似算法和模拟退火算法。在实际应用时，每一种算法的应用特点和适用性均存在不同程度的差异，需综合考虑输入与输出结果之间的精度、运算效率以及稳定性等因素。

1. Gibbs 采样算法

Gibbs 采样算法是一种基于马尔可夫链蒙特卡罗策略而建立的一种 RBM 模型早期经典算法。经不断研究及改进，Gibbs 采样算法已经形成了较为成熟的运算法则，其基本思想如下：

已知：在一个 n 维的空间向量[假设 $\boldsymbol{X} = (X_1, X_2, \cdots, X_n)$]中，很难直接求出这个向量的联合分布 $P(X_1, X_2, \cdots, X_n)$。

假定：若已知道其他的分量，便能求解其中的一个 $n-1$ 维向量 $\boldsymbol{X}_k$ 关于其他向量的条件分布 $P[X_k | X_{k-1}$，其中 $\boldsymbol{X}_k = (X_1, X_2, \cdots, X_{k-1}, X_{k+1}, \cdots, X_N)]$。

结果：可以先行选定 $\boldsymbol{X}$ 的初始状态$[x_1(0), x_2(0), \cdots, x_k(0)]$，再根据条件

分布对这个分量进行采样操作。在采样次数达到足够多的时候，变量[$x_1(n)$，$x_2(n)$，$\cdots x_k(n)$]将会收敛于向量 $\boldsymbol{X}$ 的联合分布。

上述就是 Gibbs 采样算法的基本思想。这种方法具有适用范围广、限制约束少的优点，但每一次的迭代过程较为复杂且运算过程较慢、耗时长，因此在实际应用时具有一定的局限性。

2. 对比散度算法

对比散度算法是 RBM 模型的另一经典算法，应用广泛且学习效果非常明显。该算法的显著特征是，在学习过程中省去了对对数似然函数的梯度实施求取这一步骤，因而大大地提高了学习效率和运算的整体稳定性。

当采用对比散度算法时，需对学习逼近度进行评价。当前，常规的做法是采用一估计概率分布与真实概率分布二者之间的 K–L 距离来实施评价，并在差异度量函数上求取该距离的最小值。理论研究表明，为了求取该距离，需利用上述 Gibbs 采样算法对每一个训练样本实施采样，此时，假定运行步数为 n，模型的期望值为 $E_{\mathrm{Pmodel}}\langle\cdot\rangle$，则估计概率分布与真实概率分布二者之间的 K–L 距离可以用式(5–5)进行表述。

$$\Delta W=\varepsilon\left(E_{\mathrm{Pdate}}\langle vh^T\rangle-E_{p_n}\langle vh^T\rangle\right) \tag{5-5}$$

式中，p_n 为经过 n 步 Gibbs 采样后得到的概率分布函数；T 为模型温度，一般不考虑；E_{p_n} 为运行 n 步后得到的概率分布函数 p_n 的模型期望。

通过式(5–5)可以看到，当 $n=1$ 时，ΔW 的求取最为高效简单且完全符合采样规律。因此，在实际应用和实验研究中，通常将 n 的取值设定为 1。然而，随着训练的持续推进以及控制参数的调整，该算法对梯度的近似效果也会慢慢降低，这是对比散度算法存在的一个不足之处。

3. 变分近似算法

变分近似算法是一种变分优化方法，与之相对应的是概率推理问题，但变分近似并不能精确解决所有的概率推理问题。因此，在实际应用时往往会使用迭代的方法对近似解实施求解。

在使用变分近似算法进行学习的过程当中，对于训练样本中的可见单元向量 $\boldsymbol{v}$，需采用后验分布 $q(\boldsymbol{h}|\boldsymbol{v},\mu)$ 对隐含层单元向量 $\boldsymbol{h}$ 的真实后验分布 $p(\boldsymbol{h}|\boldsymbol{v},\theta)$ 进行替换，而 RBM 模型的对数似然函数恰恰具有如式(5–6)所示的变分下界。在式(5–6)中，$H(\cdot)$表示熵函数。

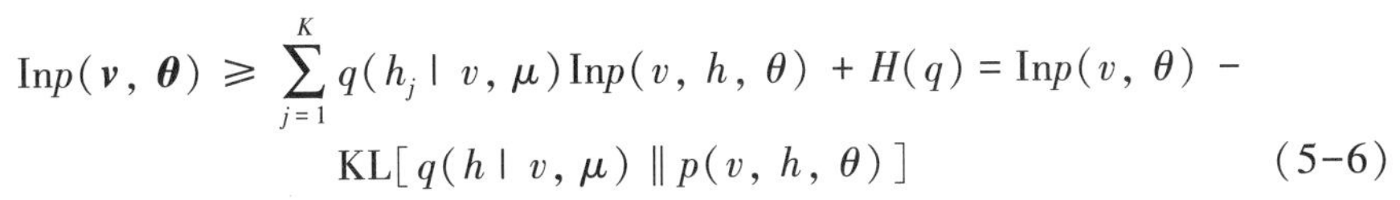

$$\text{In}p(\boldsymbol{v},\ \boldsymbol{\theta}) \geqslant \sum_{j=1}^{K} q(h_j \mid v,\ \mu)\text{In}p(v,\ h,\ \theta) + H(q) = \text{In}p(v,\ \theta) - \text{KL}[q(h \mid v,\ \mu) \parallel p(v,\ h,\ \theta)] \tag{5-6}$$

大量的理论研究和实践证明，变分法具有 2 个显著优点：一是能最大限度地实现样本的对数似然函数；二是能使近似后验分布 $q(\boldsymbol{h}|\boldsymbol{v},\ \mu)$ 与真实后验分布 $p(\boldsymbol{h}|\boldsymbol{v},\ \theta)$ 之间的 $K\text{-}L$ 距离最小。

因此，如果采用式(5-7)对真实后验分布实施因式分解，从而进行逼近，那么训练样本的对数似然函数便有了如式(5-8)所示的下界。

$$q(\boldsymbol{h},\ \mu) = \prod_{j=1}^{k} q(h_j) \tag{5-7}$$

其中，$q(h_j = 1) = \mu_j$。

$$\text{In}p(\boldsymbol{v},\ \theta) \geqslant \frac{1}{2}\sum_{i,\ k=1}^{D} v_i l_{ik} v_k + \frac{1}{2}\sum_{j,\ m=1}^{k} \mu_j r_{jm} \mu_m + \sum_{i=1}^{D}\sum_{j=1}^{K} v_i w_{ij} \mu_j - \text{In}Z(\theta) + \sum_{j=1}^{k}[\mu_j \text{In}\mu_j + (1-\mu_j)\text{In}(1-\mu_j)] \tag{5-8}$$

除上述 $K\text{-}L$ 距离最小化求取外，在实施变分近似过程中还需特别注意对变分参数进行优化。目前，常用的有效方法是实施交替优化，具体可划分为如下两种情况：

①在参数 θ 不变的情况下，利用式(5-8)确定变分参数 μ，然后再求出不平均场的不动点方程式(5-9)。

$$\mu_j \leftarrow \sigma\left(\sum_{i=1}^{D} w_{ij} v_i + \sum_{m=1,\ m\neq j}^{K} r_{jm} \mu_m\right) \tag{5-9}$$

②在参数 μ 不变的情况下，可以采用 Gibbs 采样算法或其他基于 Gibbs 采样算法的模型算法对参数 θ 进行更新。

值得一提的是，采用变分近似方法对数据期望 $E_{\text{Pdata}}\langle\cdot\rangle$ 进行求取时具有很高的精度，实验研究证明其误差率要优于 Gibbs 采样算法。但在实际应用中，变分近似方法的适用性并不是很强。

4. 模拟退火算法

事实上，模拟退火算法是 Gibbs 采样算法的改进型算法。根据 Gibbs 采样算法的基本思路及其结构可知，这种算法的收敛速度比较慢。为了提高其收敛速度，需引入一个具有温度参数的目标分布函数进行采样运算，其表达式如式(5-10)所示。

$$P_{t_i}(x)=\frac{e^{\frac{-E(x)}{t_i}}}{Z(t_i)} \tag{5-10}$$

式中，函数 Z 为交换概率。该式实际上表征了多个不同温度下的马尔科夫链，每个马尔科夫链上都有一个序列温度 t_i 与之对应，且 $t_0=1<t_1<\cdots<t_i<\cdots<t_{T-1}<t_T=T$。

在实际运行过程中，交换温度 t_i 与 t_{i+1} 上运行的两个马尔科夫链样本，即可得到交换概率 Z，其表达式如式(5-11)所示。

$$Z=\frac{P_{t_i}(x_{i+1})P_{t_{i+1}}(x_i)}{P_{t_i}(x_i)P_{t_{i+1}}(x_i+1)} \tag{5-11}$$

在 Gibbs 运算分布中，Z 的表达式如式(5-12)所示，其中 β_i 为逆温度参数。在对每个梯度进行更新时，交换两个马尔科夫链样本后，其余的马尔科夫链将执行一步 Gibbs 采样运算。此时，马尔科夫链在高温下所对应的模型分布将变得更为扩散，样本之间的差异也更为明显，由此使得搜索样本时更加方便快捷，从而提高其收敛速度。

$$Z=e^{(\beta_i-\beta_{i+1})(E(x_i)-E(x_{i+1}))} \tag{5-12}$$

5.4.3 评估算法

对于 RBM 学习模型，通常需对其学习效率、精度和收敛速度等进行综合评判。根据该模型的建模理论可知，最简单、直观的方法是对其学习过程中的对数似然度进行求取，并以此为参考对模型学习的优劣实施综合评估。然而，该模型在学习过程中存在归一化常数，这就导致该方法在实际应用中基本行不通。

研究发现，采用重构误差的方法对模型学习的优劣性进行评价是可行的，方法简单且成本低。其计算步骤如下(文中的 $\|v\|$ 为范数，其阶数为 1 或者 2)：

①对误差进行初始化，需执行赋 0 操作，即：Error=0；

②循环所有的 $v^{(t)}$，且 $t\in\{1, 2, 3, \cdots, T\}$；

③求出条件概率分布 $P(h, v|\theta)$，并抽取 $h\in\{0, 1\}$；

④求出条件概率分布 $P(v', h|\theta)$，并抽取 $v'\in\{0, 1\}$；

⑤Error=Error+ $\|v'-v^{(t)}\|$，并返回总误差 Error。

5.5　地质雷达数据仿真处理

5.5.1　数据库建立

1. 地质雷达. dzt 数据文件的读取

以美国地球物理公司生产的 SIR 系列地质雷达为例，其采集到的原始数据均为“. dzt”格式，包括连续激发模式下采集到的线测数据和定点激发模式下采集到的点测数据。本实验所用的所有原始数据文件均来源于新疆若羌县—尉犁县省道拓宽工程的路基现场实测数据。图 5-10(a)、图 5-11(a)、图 5-12(a)和图 5-13(a)分别为该路基的实测图像，其路基土层的含水率、含盐量分别为 11. 3%、22. 8%、18. 2%、20. 1%和 4. 2%、5. 6%、8. 7%、7. 7%。图 5-10(b)、图 5-11(b)、图 5-12(b)和图 5-13(b)分别为经 MATLAB 程序读取后并采用 contourf 绘图后得到的对应图像。

需要说明的是，本章的重点在于采用 RBM 模型算法对地质雷达探测图像进行仿真处理，其纵横坐标的意义不大，因而本章中的实测图片及其对应的转换图片均省略了坐标。如无特别强调，纵横坐标分别为探测深度与天线的移动距离。

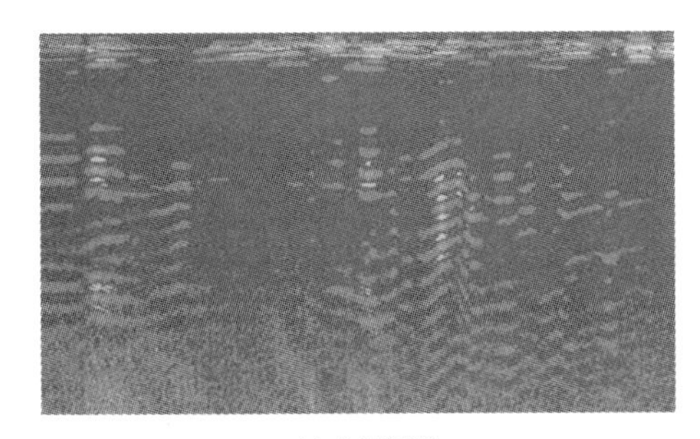

(a) 实测图像

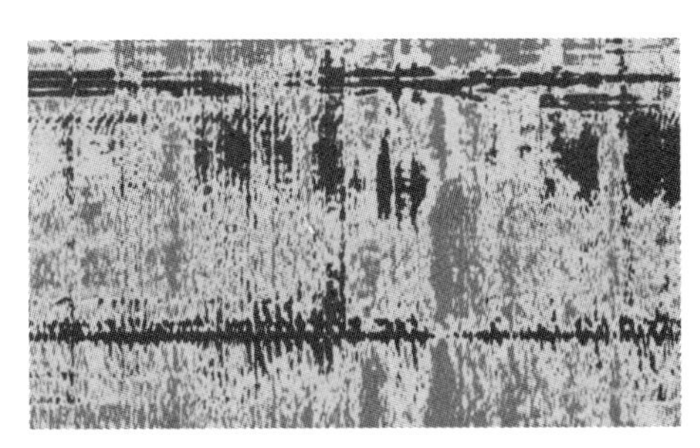

(b) 读取转换图像

图 5-10　现场实测图像和读取转换图像

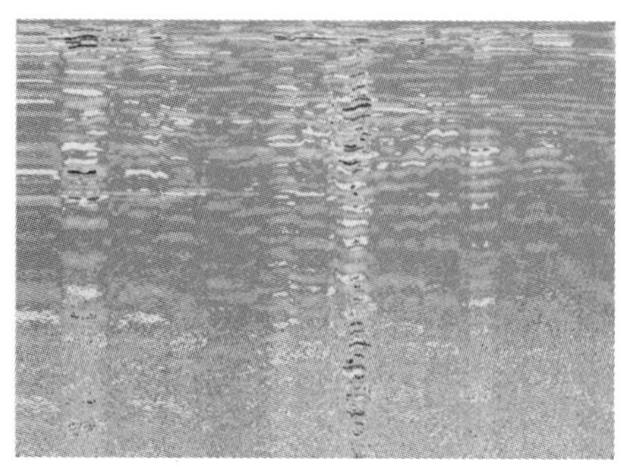

(a)实测图像

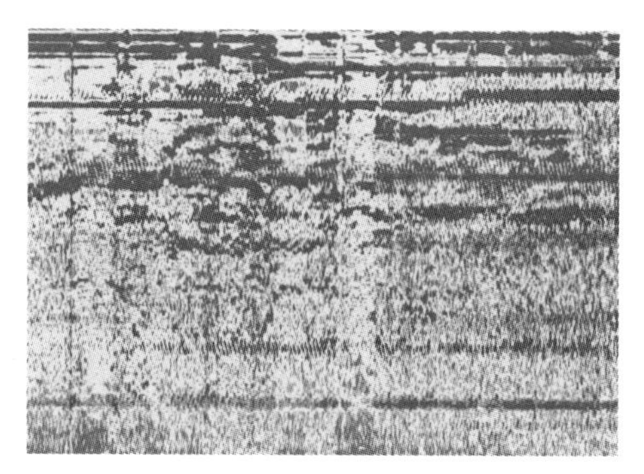

(b)读取转换图像

图 5-11　实测图像和读取转换图像(一)

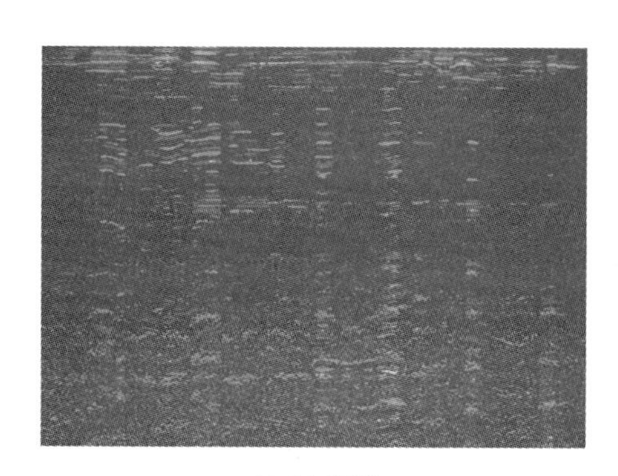

(a)实测图像

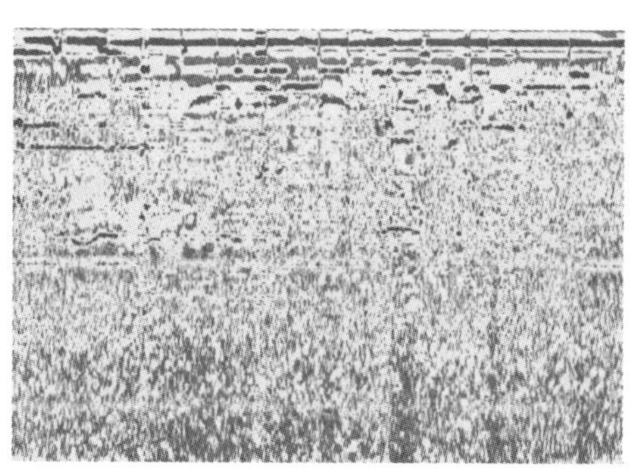

(b)读取转换图像

图 5-12　实测图像和读取转换图像(二)

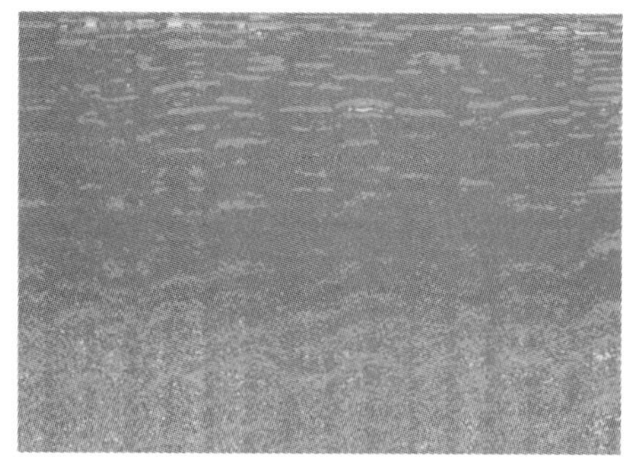

(a)实测图像

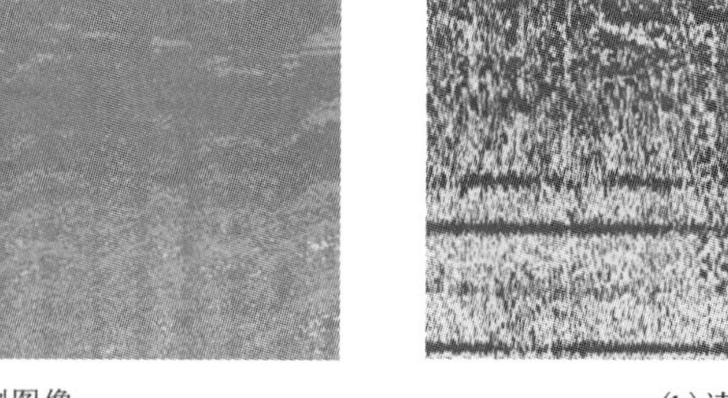

(b)读取转换图像

图 5-13　实测图像和读取转换图像(三)

2. 原始数据预处理

地质雷达探测图像的像素及尺寸大小与采集扫描时间的长短成正比。事实上，现场实测时一般都无法保证每次扫描时间一致，故每一张探测文件的大小也会不一样，也就使得每一张探测图像的总像素及其边缘特征存在很大的差异。

因此，采用深度学习进行数据图像处理时，首先需对现场实测图像(连续线测图像和点测图像)进行相关预处理，其目的在于将实测图像的尺寸特征与空间形态特征标准化，从而利于后续模型结构的建立及相关参数的设置。

(1)数据规范化处理

实施规范化处理时，需要将实测图像数据矩阵的维数和样本个数进行统一化。对于连续线测图像，利用 MATLAB 读取文件后首先需将数据矩阵的维数确定为 65536×1，然后再实施分类数据样本数的选取。经统计分析，剔除无效数据文件后，不同含水率、含盐量路基土层的探测数据样本数如表 5-1 所示。

表 5-1　连续线测数据文件样本截取数

序号	含水率/%	样本数	序号	含盐量/%	样本数
1	3.3~12.6	389	1	3.9~5.2	264
2	14.5~25.8	326	2	5.5~7.8	311
3	>27	273	3	8.1~9.8	296
—	—	—	4	>10	152

选定样本数后，将所有的探测数据按照类型分别存储至样本集中，这样便于在后续的实验过程中实施随机抽样。

对于点测图像的数据文件，其数据矩阵的维数确定为 512×1。经统计分析，剔除无效数据文件后，不同含水率、含盐量路基土层的点测数据样本数如表 5-2 所示。

表 5-2　点测数据文件样本截取数

序号	含水率/%	样本数	序号	含盐量/%	样本数
1	3.3~12.6	125	1	3.9~5.2	180
2	14.5~25.8	178	2	5.5~7.8	137
3	>27	171	3	8.1~9.8	110
—	—	—	4	>10	196

选定样本数后，同样需将所有的探测数据按照类型分别存储至样本集中，以便于在后续的实验过程中实施随机抽样。

(2)数据批量化处理

在每一类保存的数据中，均按4∶1的比例将其划分为两类，即训练样本和测试样本。同时，采用向量的形式对每一批图像进行标注，其中：[1, 0, 0, 0] 表示第一类，[0, 1, 0, 0] 表示第二类，[0, 0, 1, 0] 表示第三类，[0, 0, 0, 1] 表示第四类。在进行仿真实验时，将对所有的样本进行随机抽样。

5.5.2　基本设置

采用 RBM 深度学习模型中的 DBN 神经网络算法进行仿真。为了对图像的特征进行提取，首先需选择合理、高效的混合参数，否则容易导致特征提取失败或者特征失效。经前期实验验证，本次实验仿真采用美尔倒谱系数一阶差分混合参数对探测图像的特征实施提取。其他设置如下：

①将原始输入图像相对应的矩阵横向展开，并对数据进行归一化处理；

②归一化后，将数据的大小范围设定为一个闭区间，即[0, 1]；

③基于 softmax 分类法并使用 4 个神经元对探测图像进行分类；

④采用的 DBN 模型包括二层隐藏层，即存在两层受限玻尔兹曼机模型。

5.5.3　构建 RBM 模型

1. RBM 参数设置

仿真实验中的学习算法采用对比散度学习算法。在使用对比散度学习算法时，为了提高学习效率、加快收敛速度，需要对 RBM 模型中的一些参数值进行设置，如：隐含层单元个数、学习率、参数初始值等。

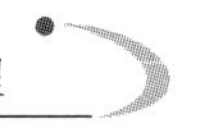

理论研究和实践表明，不合理的参数设置会对学习效果、速度、精度和求解稳定性带来严重的不良影响，甚至可能会导致模型陷入瘫痪状态。因此，在实施仿真之前，首先需通过实验及前期研究成果确定参数的最优值。

(1)隐含层单元个数

对于 RBM 模型，如果不考虑学习的复杂程度以及参数的拟合难度，那么可以采用估算法对隐含层单元个数进行确定，方法是：首先调用已导入至模型中的样本数据的 Bit 数，然后用该值与学习样本数作乘积运算，最后采用控制函数将乘积运算的结果降低一个数量级，此时所得结果便是隐含层单元个数的估计值。

根据该方法，实验时采用两个隐含层，其中：第一层设置 1080 个单元，第二层设置 560 个单元。

(2)学习率

学习率是一个反映模型对探测图像输入信号识别、训练效率的物理量。假如学习率过低，则会造成学习效果不明显从而导致识别、训练失败的后果；假如学习率过大，则在重构原始输入信号的时候，会导致重构误差急剧增加从而影响识别、训练的准确性。因此，在模型建立的初期就必须在经验取值的基础上执行学习率平衡值验算。经前期实验证明，该模型采用的学习率取值为 0.05。

(3)参数初始值

对于该实验模型采用的可见层与隐含层之间的连接权值，可以根据高斯标准函数在一个标准分布 $N(0, 0, 1)$ 中随机进行取值。基于此，隐含层、输出层中单元偏置的初始值均设为 0。

与之不同的是，可见单元在早期阶段容易利用隐含层单元使得第 i 个特征值以概率 p_i 被激活。因此，可见单元偏置的初始值不能设置为 0，而应该根据特征的激活比例进行确定。根据高斯分布的规定，其初始值应该设置为 $\lg(p_i/(1/p_i))$，其中 p_i 为学习样本中第 i 个特征的激活比例。

(4)参数更新模式

所谓参数的更新，指的是可见层与隐含层之间的连接权值、可见层和隐层偏置向量的更新。在执行模型学习之前，首先需要对样本数据进行分类，该模型实验将样本数据划分为训练样本集与测试样本集。

对样本集进行学习的模式一般分为两类，一类是对样本集进行逐个逐个地学习，一类是对样本集进行批量化学习。对于数据量少、奇异信号不明显的数据信号，采用逐个学习的方法可以提高识别精度和模型网络的整体稳定性，但需要花费更多的训练时间。因此，对于数据量大、奇异信号明显的地质雷达探测图像，逐个学习模式显然是不适合的。因此，该模型采用样本集批量化学习模式对参数进行更新。

2. 对比散度算法

在一个隐含层单元数已知的受限玻尔兹曼机中，可见单元的个数与学习样本特征的维数相等。假如用 $\boldsymbol{W}$ 表示可见层与隐含层之间的连接矩阵（$m\times n$ 阶），$\boldsymbol{a}$ 和 $\boldsymbol{b}$ 分别表示可见层的偏置向量（n 维列向量）与隐含层的偏置向量（m 维列向量），则对比散度算法执行学习的主要步骤如下。

第一步：初始化操作。

令可见层中各个单元的初始状态 $v_1=x_0$，且 $\boldsymbol{W}$、$\boldsymbol{a}$ 和 $\boldsymbol{b}$ 均为较小的随机数值。

第二步：循环运算。

循环计算条件概率分布 $P(\boldsymbol{h},\ \boldsymbol{v}|\boldsymbol{\theta})$，从 $P(\boldsymbol{h},\ \boldsymbol{v}|\boldsymbol{\theta})$ 中抽取 $\boldsymbol{h}\in\{0,\ 1\}$；

循环计算条件概率分布 $P(\boldsymbol{v}',\ \boldsymbol{h}|\boldsymbol{\theta})$，从 $P(\boldsymbol{v}',\ \boldsymbol{h}|\boldsymbol{\theta})$ 中抽取 $\boldsymbol{v}'\in\{0,\ 1\}$；

循环计算条件概率分布 $P(\boldsymbol{h}',\ \boldsymbol{v}'|\boldsymbol{\theta})$，从 $P(\boldsymbol{h}',\ \boldsymbol{v}'|\boldsymbol{\theta})$ 中抽取 $\boldsymbol{h}'\in\{0,\ 1\}$；

其中：$v^{(t)}$，$t\in\{1,\ 2,\ 3,\ \cdots,\ T\}$

第三步：更新参数。

为了对参数进行更新，需要执行如下赋值操作：

$W(t+1)=W(t)+\varepsilon(P(\boldsymbol{h},\ \boldsymbol{v}|\boldsymbol{\theta})v-P(\boldsymbol{h}',\ \boldsymbol{v}'|\boldsymbol{\theta})v')$；

$a(t+1)=a(t)+\varepsilon(v'-v)$；

$b(t+1)=b(t)+\varepsilon(P(\boldsymbol{h},\ \boldsymbol{v}|\boldsymbol{\theta})-P(\boldsymbol{h}',\ \boldsymbol{v}'|\boldsymbol{\theta}))$。

3. softmax 分类器

完成上述 DBN 深度学习网络模型的参数及其算法设置后，需要在模型的最后一层添加一个分类器以便对探测图像的输入信号进行分类。综合考虑分类适用性、匹配算法的精度，采用 softmax 分类器对探测图像的样本输入信号进行分类。为了保证分类识别的精度，每个样本均只归属于一个类别。具体计算方法如式（5-13）所示。

$$S_i=\text{softmax}(g)=\frac{e^{g_i}}{\sum_{i=1}^{d}e^{g_i}} \tag{5-13}$$

式中，$g_\theta(x)=\boldsymbol{W}X+\boldsymbol{b}$，$\theta=\{\boldsymbol{W},\ \boldsymbol{b}\}$；参数 X 和 e 分别表示模型内部隐含层中的单元状态与参数集。

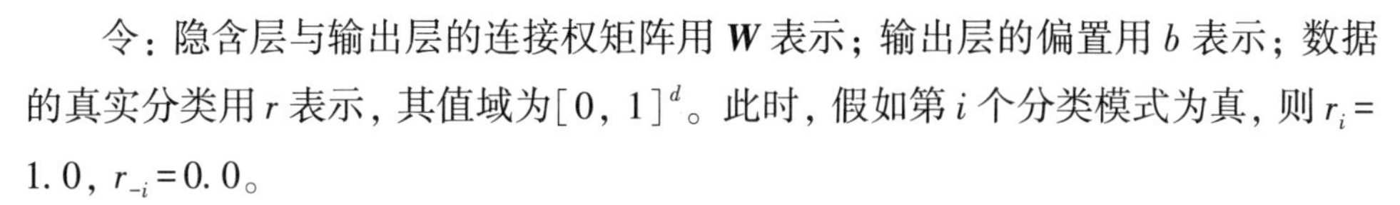

令：隐含层与输出层的连接权矩阵用 $\boldsymbol{W}$ 表示；输出层的偏置用 b 表示；数据的真实分类用 r 表示，其值域为$[0, 1]^d$。此时，假如第 i 个分类模式为真，则 $r_i=1.0$，$r_{-i}=0.0$。

在实验过程中，模型的实际输出与期望值之间的误差是保证特征提取精度的重要指标。为了将模型的实际输出与期望值之间的误差降至最小，需引入交叉熵函数，如式(5-14)所示。

$$H(r, S)=-\sum_{i=1}^{d}(r_i\lg S_i+(1-r_i)\lg(1-S_i)) \tag{5-14}$$

为了反映 $H(r, S)$ 沿着 $\boldsymbol{W}$ 和 b 的动态变化速率，需要分别对 $\boldsymbol{W}$ 和 b 求取偏导数，如式(5-15)、式(5-16)所示。

$$\frac{\partial H(r, S)}{\partial \boldsymbol{W}}=(S-r)^{\mathrm{T}}X \tag{5-15}$$

$$\frac{\partial H(r, S)}{\partial b}=S-r \tag{5-16}$$

除上述变化速率外，还需要对模型的权值进行更新。对于模型的权值更新，当前较为有效的方法是采用梯度下降算法执行该过程，其算法如式(5-17)、式(5-18)所示。

$$W' -\boldsymbol{W}-\eta((S-r)^{\mathrm{T}}X+\lambda \boldsymbol{W}) \tag{5-17}$$

$$b'=b-\eta(S-r+\lambda b) \tag{5-18}$$

式中，η 为学习速率；/为权重衰减因子。

4. wake-sleep 算法及微调

(1) wake-sleep 算法

在实验仿真过程中，使用 DBN 学习模型中的权重矩阵时，通常采用逐层学习模式。理论研究和大量的实践证明，这种学习模式是有效的。然而，逐层学习模式存在一个难以避免的缺陷，即在学习过程中难以有效地对学习算法的子优化问题进行监督评估。其原因在于，地质雷达探测图像中的信号类型复杂且奇异特征显著，难以准确地对输入信号进行标记。此时，若执行返回运算并重新拟合模型的参数，则会使学习过程变得更加复杂。

研究表明，无监督学习方法可应用于未标记的数据集，并且可以应用于高维数据样本，从而可为 DBN 模型提供大量的信息。对于模型参数的重新拟合，可以采用上一阶段调整得到的权值对下一阶段的权值进行拟合。通过模型架构可知，在完成逐层学习和权值初始化运算后，需要从生成权值中计算出认知权值。为此，可以采用一个具有完全层内变量的阶乘分布对每一层的权值作近似估计。

1995年，Xind研究开发了一种具有完全层内变量的阶乘分布算法，即wake-sleep算法。该算法的显著优势是，算法中的变量可以使用上一层的权值来确定下一层的权值；在“上升”阶段，认知权值被用于由下到上进行学习，且采用参数的最大似然函数对有向连接产生的生成权值进行调整；对于最顶层的无向连接权值的学习，可以通过该层的RBM对上一层的参数进行拟合从而执行学习运算。

在“下降”的过程中，该算法将从顶层单元开始随机激活下一层单元，且顶层的非定向连接以及连接方向是不变的，只有模型底层的认知权重会产生调整。如果在向下传播的过程中系统达到了稳定分布状态，即表明此时进入了sleep状态。如果对系统“上升”阶段得到的权值进行初始化，并在之后的向下传播过程中只允许采用有限步数的吉布斯采样算法，此时就可以得到具有对比形式的wake-sleep算法，同时也避免了系统进入稳定分布状态。

就学习功能而言，具有对比形式的wake-sleep算法比原始算法更加强大，它能确保认知权值被用于表达真实数据，并且可以消除模式平均化缺陷。若给定一个样本数据，则在使用认知权值对样本进行学习时会采用上一层模型而忽略其他复杂模型。因此，对于地质雷达探测图像这类特殊图形，wake-sleep算法具有较好的适用性。

(2)微调

在模型完成学习和分类器分类修正后，需使用wake-sleep算法对系统进行微调，方法是：在模型的最后一层添加带有标签的数据，并且采用这些数据对目标函数进行判别从而使标签数据的正确率达到最大。

事实上，无监督学习的作用是发现输入域结构模型的有效特征，因而RBM层的无监督学习通常被视为一个“预训”阶段。实践表明，某些输入信号的原始学习特征可能无法用于分类，此时需要对其进行适当的调整，即“微调”运算，方法是：以模型的最后标签层作为一个前馈神经网络并执行反向传播运算，并将模型的学习速率设定为0.05。

5.5.4 仿真结果

基于上述分析，采用建立的RBM模型对依托道路工程的地质雷达实测图像进行仿真分析。

1. 对定点激发探测图像进行仿真

(1)学习流程

对定点激发探测图像进行仿真实验时，共采用了 9753 个实测样本图像，且图像的矩阵维数为 512。由于仿真实验需要实施对比分析，因此需要将实测样本图像进行分类，即将实测样本图像划分为训练样本集和测试样本集。为了尽可能地提高训练精度，宜将大部分实测样本图像划分为训练样本，因而划分比例设定为 3∶1。图 5-14 所示为学习流程，其中：第一隐含层共 1500 个单元，第二隐含层共 1000 个单元。

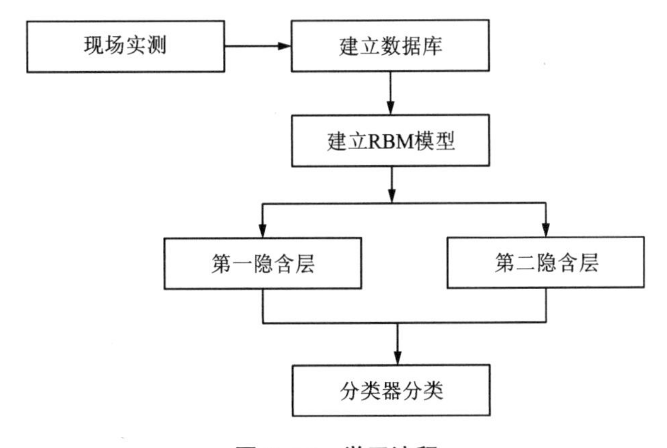

图 5-14　学习流程

(2)仿真结果

条件 1：学习次数为 5。

结果：$\begin{cases} H_1(r, S) = 5741.871211 \\ H_2(r, S) = 18921.671631 \end{cases}$

条件 2：学习次数为 10。

结果：$\begin{cases} H_1(r, S) = 2678.211921 \\ H_2(r, S) = 13531.782522 \end{cases}$

条件 3：学习次数为 15。

结果：$\begin{cases} H_1(r, S) = 1126.087212 \\ H_2(r, S) = 4943.562221 \end{cases}$

条件4：学习次数为20。

结果：$\begin{cases} H_1(r, S) = 875.417118 \\ H_2(r, S) = 3198.543541 \end{cases}$

条件5：学习次数为100。

结果：$\begin{cases} H_1(r, S) = 0.000117 \\ H_2(r, S) = 0.000548 \end{cases}$

表5-3所示为学习次数等于5、10、15、20、40和100条件下的学习样本的正确率和平均学习时间。

表5-3 仿真学习结果

学习次数	测试样本集学习正确率/%	平均学习时间/h
5	22.12	0.3
10	48.61	0.45
15	81.89	0.8
20	92.17	1.1
40	96.65	3.7
100	100	5

可以看出，随着学习次数的增加，学习正确率会逐步提高，但相对应的耗时也急剧增多，并且当学习次数为100时，学习正确率可到达100%。

2. 对连续激发探测图像进行仿真

(1)学习流程

采用1950个探测图像作为样本数据，矩阵维数为65187，同样按照3∶1的比例将样本数据划分为训练样本集和测试样本集。学习流程同图5-14，第一隐含层共1500个单元，第二隐含层共1000个单元。

(2)仿真结果

学习时，随机对样本探测图像进行采样学习，图5-15所示为一张实测图像的随机采样读取结果。

同样地，随着学习次数的逐步增加，模型的整体学习正确率会逐步提高，但学习时间也会相应地增加，如表5-4所示。

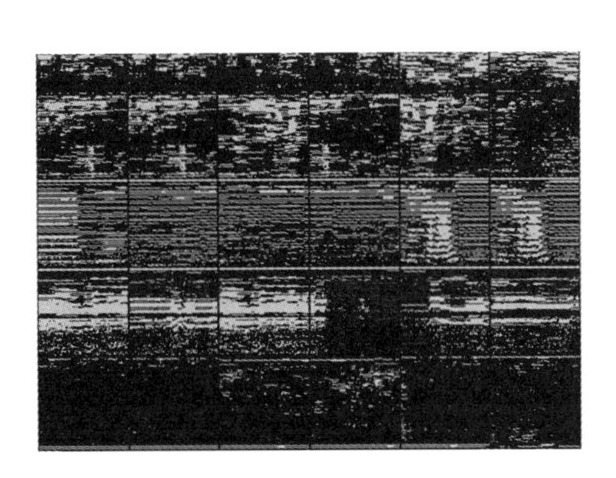

图 5-15　模型采样结果

表 5-4　仿真学习结果(连续激发探测图像)

学习次数	训练样本集学习正确率/%	平均学习时间/h
5	28.87	1.8
10	46.19	2.2
15	78.82	3.6
20	89.18	4.1
40	93.11	5.8
100	100	7.1

可以看出, RBM 深度学习网络模型对地质雷达低维数据的学习效果优于高维数据。不论是定点激发探测图像还是连续激发探测图像, RBM 模型经过学习后均可对其进行采样识别。

第6章　基于小波变换的探测图像处理

6.1　概述

在探测过程中，探地雷达向地下目标土层发射高频电磁波，通过反射回的电磁波特性对地下目标物的属性信息进行分析与提取。但在电磁波传播的过程中，信号受到很多人为因素和自然环境的噪声干扰，给后期雷达数据的分析带来很多困难。如果将发射的电磁波作为系统的输入信号，接收到的反射回波作为系统的输出信号，那么地下的各种介质就相当于一个复杂的滤波器。此时，经过滤波器滤波后的电磁波信号在没有经过相关处理时，还存在诸多的虚假信号，人们难以甚至无法基于此类信号特征对地质环境做出相关解释。因此，对于接收到的电磁波，必须有效地对其噪声、干扰信号进行弱化、消除等处理，从而为地质信息的判断与解释提供有用的判别依据。

反射回波的信号特征是地质雷达实施目标识别和数据解释的基本依据，但由于地质环境本身的复杂性和电磁波传播、接收过程中的干扰信号，使得探地雷达图像也变得极为复杂。为了提取探测图像中的有效信息并精确地对图像进行解释，有必要对图像数据进行有效的分析、处理。

20世纪80年代初，Luen C. Chan等学者采用了一种极点提取法用于探测地表浅层的目标物，并验证了该算法的准确性，其基本原理是：将被检测的目标物看作一个滤波器，则滤波器的输出信号为反射回来的电磁波信号、滤波器的输入为辐射到地面下的电磁波信号。由于天然地质环境的复杂性，不同的介质具有不

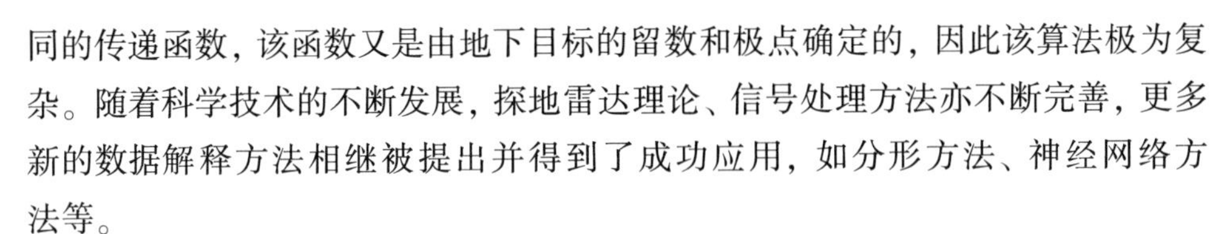

同的传递函数，该函数又是由地下目标的留数和极点确定的，因此该算法极为复杂。随着科学技术的不断发展，探地雷达理论、信号处理方法亦不断完善，更多新的数据解释方法相继被提出并得到了成功应用，如分形方法、神经网络方法等。

国内在探地雷达数据处理方面的研究工作起步相对较晚。2003 年，孔令讲成功地将合成孔径成像算法应用于浅地层探地雷达的信号处理之中，初步实现了信号尖点特征的追踪与提取。2006 年，杨秋芬提出了二维物理小波去噪，并利用去噪算法对实测数据的干扰噪声进行了有效滤除。2009 年，邹华胜利用支持向量机研究了探地雷达回波信号的识别算法，提出了相关建模理论与方法，并以路基工程为依托对路基病害的识别进行了分析研究，结果表明其识别准确率可达 90%左右，但由于支持向量机自身的局限性，随着数据类型和数据量的增加，计算量亦急剧增加，导致分类效果不理想。此后，诸如遗传算法、路面结构分割法、随机介质模型等方法相继被提出。

近年来，深度学习作为机器学习的一个新领域，是当前机器学习领域最前沿和热门的课题之一。小波变换作为深度学习的经典算法之一，在图像分类、目标检测、图像理解领域取得了巨大的成功。

小波理论是一个多领域、多学科的交叉产物，是数学家、物理学家、工程学家集体智慧的结晶。在信号处理领域，小波分析是继傅里叶分析后的又一个里程碑式的研究成果，在理论研究和工程应用领域均具有深远的影响。

与傅里叶分析算法相比，小波分析的优点在于具有良好的局部时频分析特性。正是由于此特性，小波分析成了信号处理领域的不可或缺的工具，尤其适合于对局部特征明显、奇异性显著的图像进行处理。对于地质雷达实测图像，其局部特征明显、样条曲线奇异性显著，小波变换的开发和应用为地质雷达的图像处理开辟了一条新的路径。

傅里叶变换一直是信号处理领域的重要分析工具，它能将时域和频域特征相互联系，可以将信号完全在频域展开，但傅里叶变换是一种全局变换，只能处理信号的整体特征，欠缺局部分析能力，因而更擅长于分析信号的整体特性，无法更好地分析信号的局部特性。工程实践表明，真实目标体的反射信号往往都是非平稳的，许多重要的信息往往存在于信号的不规则结构中。对于这类非平稳信号，傅里叶变换的优势得不到体现且劣势显著，无法获得满意的处理结果。对此，Gabor 首次将窗函数引入到傅里叶变换中，并提出了短时傅里叶变换（short-time fourier transformation, STFT)。短时傅里叶变换的提出在一定程度上克服了传统傅里叶变换在局部分析上的不足，在信号局部信息分析中起到了一定的作用。这种引进的窗函数的窗口位置虽然可随参数而任意移动，但其窗口的大小和形状却与频率无关，而是固定不变的。这与“高频信号的分辨率应高于低频信号，因而频率愈高，窗口应愈小”这一要求不符，这导致其应用范围受到了一定的限制。

与之不同的是，小波变换既保持了传统傅里叶变换的优点，又克服了其时频分辨率局限性等诸多缺点，因而不仅能够同时进行时域与频域分析，而且小波变换的局部时频分析特性能够有效地对非平稳信号中的突变和噪声进行区分。因此，小波分析特别适合于非平稳信号，如探地雷达信号的处理。

经过十几年的发展，小波分析不仅在理论和方法上不断地取得了突破，而且已深入到非线性逼近、分形和混沌学、计算机图形学、数字通信、地震勘探、雷达成像、图像处理、计算机视觉、编码压缩、生物医学、时变估计和检测以及语音信号处理等诸多领域，其涉及面广、影响大、发展迅速。

本章的重点在于根据小波包基本理论，基于小波去噪原理和前期去噪实验利用小波包对探地雷达的实测数据进行去噪处理。

6.2 小波变换基本性质

小波(wavelet)，即小区域的波，可以形象地理解成一个有始有终的小“波浪”。当函数 $\psi(t)$ 满足如式(6-1)所示的约束条件时才能称为小波，式中的 $\psi(t) \in L^2(R)$，$\hat{\psi}(\omega)$ 是 $\psi(t)$ 的傅里叶变换。当 $\hat{\psi}(0)=0$，即 $\int_{-\infty}^{+\infty}\psi(t)\,\mathrm{d}t=0$，此时小波具有零平均且具备波动性。

$$C_\psi = \int_{-\infty}^{+\infty} \left|\hat{\psi}(\omega)\right|^2 |\omega|^{-1} \mathrm{d}\omega < \infty \tag{6-1}$$

根据函数的平移伸缩特性，可以对 $\psi(t)$ 的形式进行变化，如式(6-2)所示。此时，函数 $\psi(t)$ 称为一个小波母函数。

$$\psi_{a,b}(t) = \frac{1}{\sqrt{|a|}}\psi\left(\frac{t-b}{a}\right) \tag{6-2}$$

式中，$\psi_{a,b}(t)$ 就是小波母函数；a 为尺度因子；b 为平移因子；a，$b \in R$ 且 $a \neq 0$。

假设：$\hat{\psi}(\omega)$ 是小波 $\psi(t)$ 的傅里叶变换；$\psi(t)$ 的窗口宽度、窗口中心分别为

Δt、t_0；$\hat{\psi}(\omega)$的窗口宽度、窗口中心分别为 $\Delta\omega$、ω_0。那么经过平移和伸缩后，$\psi_{a,b}(t)\psi(t)$的窗口宽度、窗口中心分别变为 $\Delta t_{a,b}=a\Delta t$ 和 $t_{a,b}=at_0+b$，$\hat{\psi}_{a,b}(\omega)$的窗口宽度、窗口中心分别变为 $\Delta\omega_{a,b}=\frac{1}{a}\Delta\omega$ 和 $\omega_{a,b}=\frac{1}{a}\omega_0$。此时，若定义 $\Delta t\cdot\Delta\omega$ 为函数的窗口面积，则有：

$$\Delta t_{a,b}\cdot\Delta\omega_{a,b}=a\Delta t\cdot\frac{1}{a}\Delta\omega=\Delta t\cdot\Delta\omega \tag{6-3}$$

由式(6-3)可以看出，$\psi_{a,b}(t)$的窗口面积不会随尺度因子、平移因子而改变。因此，可以得出小波时频分析具有如下特点：

①尺度因子 a 越大，对应的频率就越低；反之，a 值越小，对应的频率就越高。

②$\psi(t)$在时域、频域经平移伸缩变换后的窗口宽度只随尺度因子 a 的变化而变化。

③窗口面积不变，即在任何尺度及时间点上，时间分辨率和尺度分辨率相互制约，不能同时提高。时间分辨率越高，则对应的频率分辨率就越低；反之，时间分辨率越低，则对应的频率分辨率就越高，即具有“自动变焦”的功能，也叫自适应性。

根据变换性质的不同，可以将小波变换划分为两类，即连续小波变换和离散小波变换。

6.2.1　连续小波变换(CWT)

任意$f(t)\in L^2(R)$的连续小波变换(continius wavelet transform，CWT)可以用式(6-4)进行定义，式中，$a(a\neq 0)$、b、t 都是连续变量；<, >表示内积运算。

$$WT_f(a,b)=<f,\psi_{a,b}>=\frac{1}{\sqrt{|a|}}\int_{-\infty}^{+\infty}f(t)\overline{\psi\left(\frac{t-b}{a}\right)}\mathrm{d}t \tag{6-4}$$

由式(6-4)可以看出，与傅里叶变换一样，小波变换也是积分变换。式中的 $WT_f(a,b)$为小波变换系数。

与傅里叶变换相比较，小波实际上是经过了平移伸缩变换后将函数投影到了另一个尺度相平面上，从而有利于对函数特征进行提取。对于连续小波，若满足公式(6-1)所述的关系，则可以实现逆变换运算，其逆变换运算如式(6-5)所示。

$$f(t)=\frac{1}{C_{\psi}}\int_{-\infty}^{+\infty} WT_{f}(a, b)\psi_{a, b}(t)\frac{\mathrm{d}a\mathrm{d}b}{a^{2}} \tag{6-5}$$

式中，$C_{\psi}=2\pi\int_{+\infty}^{-\infty}|\hat{\psi}(\omega)|^{2}|\omega|^{-1}\mathrm{d}\omega$。

6.2.2 离散小波变换(DWT)

在利用计算机处理实际问题的实践中，为了提高计算效率，在对信号 $f(t)$ 进行分析处理时，需要将连续变量变为离散序列，此时上述连续小波变换即变成了离散小波变换（discrete wavelet transform，DWT）。当前，将连续变量变为离散序列的有效方法是对尺度因子、平移因子进行离散化运算。

在连续变换中，令参数 $a=2^{j}$，$b=2^{j}k$，$j\in Z$，则可以得到二进离散小波，如式(6-6)所示。

$$\psi_{j, k}(t)=2^{-\frac{j}{2}}\psi(2^{-j}t-k) \tag{6-6}$$

6.3 多频率分析与小波包理论

6.3.1 多频率分析

连续小波变换和离散小波变换都存在信息量冗余的问题，这导致在信息压缩和运算过程中容易产生庞大的计算量甚至会导致模型运算陷入瘫痪状态。以连续小波变换为例，变换域内所有的尺度参数和平移参数都会参与到压缩和运算过程中，由此导致计算量非常庞大，严重制约处理效率。

为了解决这一问题，S. Mallat 和 Y. Meyer 于 1986 年建立了多分辨率运算理论(multiresolution analysis，MRA)。多分辨率运算理论的基本思想是对所有的正交小波基实施统一化构造，实际上就是建立统一标准的一组函数空间，且所有函数的空间集合闭包均逼近 $L^{2}(R)$，而不同空间的所有函数都是该空间的标准化正交基。由此可以发现，$L^{2}(R)$上的标准化正交基就是所有空间函数的总和，假如用这类具有标准化正交基的空间对信号进行分析，那么得到的信号时频特性也是相互正交的。

实验研究证实，假如在开展多分辨率分析时将一个信号放在不同的尺度下进行分析，那么将能够得到不同分辨率下的特征，即信号的整体特征留存在大尺度空间中，细节特征留存在小尺度空间中，且不同的尺度可以对信号的不同特征进行提取。

令：$\{V_j\}_{j\in Z}$ 是 $L^2(R)$ 空间的一列闭子空间，$\varphi(t)$ 是 $L^2(R)$ 中的一个函数，如果同时满足以下 5 个条件，即：

①对于 $\forall j\in Z$，$V_j\subset V_{j+1}$；

②$\bigcap\limits_{j\in Z} V_j=\{0\}$；

③$f(t)\in V_j \Leftrightarrow f(2t)\in V_{j+1}$，$\forall j\in Z$；

④$f(t)\in V_j \Leftrightarrow f(t-k)\in V_j$，$\forall j\in Z$；

⑤存在一个 $\{\varphi(t-k)\}_{k\in Z}$ 构成子空间 V_0 的标准正交基。

那么就称 $\varphi(t)$ 是 $L^2(R)$ 函数在正交多分辨条件下的窗口函数。多分辨率空间关系可以用图 6-1 来表示。

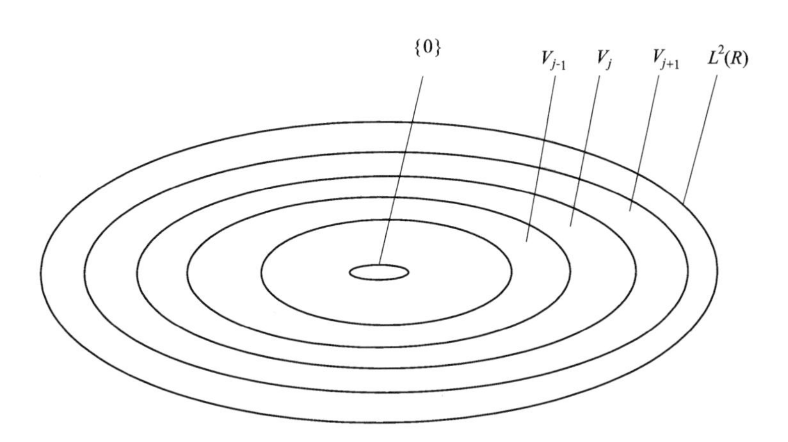

图 6-1　多分辨率空间关系示意图

由于函数族 $\{\varphi_{j,k}(t)\}_{k\in Z}$ 是 V_j 空间的标准正交基，因此由正交多分辨分析可以构造 $L^2(R)$ 上的一个正交小波 $\psi(t)$，从而使 $\{\psi_{j,k}(t)\}_{j,k\in Z}$ 构成 $L^2(R)$ 的标准正交小波基。对于 $\forall j\in Z$，现定义一个子空间 W_j，如式 6-7 所示。与此同时，子空间序列 $\{W_j\}_{j\in Z}$ 具有如式(6-8)、式(6-9)和式(6-10)所述的性质。

$$W_j\perp V_j,\ V_{j+1}=W_j\oplus V_j \tag{6-7}$$

$$\forall j\neq l,\ W_j\perp W_l \tag{6-8}$$

$$L^2(R)=\bigoplus_{l=-\infty}^{+\infty} W_l \tag{6-9}$$

$$\forall j\in Z,\ g(t)\in W_j \Leftrightarrow g(2t)\in W_{j+1} \tag{6-10}$$

由式(6-8)可知，为了得到空间 $L^2(R)$ 的标准正交基，还需要构造一个子空间 W_j 的标准正交基。不同的是，假如采用式(6-10)，则只需要构造 W_0 的标准正交基即可。

6.3.2 WALLAT 算法

由于 $L^2(R)=\bigoplus_{j\in Z} W_j$，所以对任意函数 $f(t)\in L^2(R)$，都具有式(6-11)所示表达式。假如对公式两边同时用 $\psi_{j,k}$ 作内积，且限定 $c_k^j=<f, \psi_{j,k}>$，则可以得到式(6-12)。

$$f(t)=\sum_{j,k\in Z} c_k^j \psi_{j,k}(t) \tag{6-11}$$

$$f(t)=\sum_{j,k\in Z} <f, \psi_{j,k}> \psi_{j,k}(t) \tag{6-12}$$

由多分辨率分析的定义可知，可以用式(6-13)来描述参数 V_j。显然，对于任意 $\forall f_j\in V_j$，都可以用多分辨率将其表示为式(6-14)所示关系。

$$V_j=V_{j-1}\oplus W_{j-1}=V_{j-2}\oplus W_{j-2}\oplus W_{j-1}=V_M\oplus W_M\oplus W_{M+1}\oplus\cdots\oplus W_{j-1}(M<j) \tag{6-13}$$

$$f_j=f_{j-1}+d_{j-1}=f_{j-2}+d_{j-2}+d_{j-1}=f_M+d_M+d_{M+1}+\cdots+d_{j-1} \tag{6-14}$$

令：c_k^l，d_k^l 分别为小波分解的尺度系数和小波系数，则根据 φ、ψ 的平移伸缩正交性，可以得到式(6-15)、式(6-16)和式(6-17)。

$$c_k^{j-1}=\sum_n c_n^j <\varphi_{j,n}, \varphi_{j-1,k}>=\sum_n c_n^j \overline{h_{n-2k}} \tag{6-15}$$

$$d_k^{j-1}=\sum_n c_n^j <\varphi_{j,n}, \psi_{j-1,k}>=\sum_n c_n^j \overline{g_{n-2k}} \tag{6-16}$$

$$c_k^j=\sum_n c_n^{j-1} <\varphi_{j-1,n}, \varphi_{j,k}>+\sum_n d_n^{j-1} <\psi_{j-1,n}, \varphi_{j,k}> \tag{6-17}$$

式(6-15)和式(6-16)为小波分解算法，式(6-17)为重构算法，只需将两个算法相结合，便可得到 MALLAT 算法。

6.3.3 小波包理论

小波变换的多分辨率分析为信号的时频分析提供了有效工具，但作为一种以二进制为尺度变换的时频分析，在信号的高频段具有频率分辨率不高的缺陷。为此，在小波多分辨率分析的基础上，人们提出了一种更加精确、有效的方法，即小波包分析。

小波包分析的基本思想是，首先对信号的频带进行多层次划分，以便对高频段进行进一步分解并执行信号特征与频带之间的自适应选择运算，从而提高信号的时频分辨率，最终良好地解决多分辨率分析时高频段频率分辨率不高的问题。

由前述分析可知，多分辨率分析是按照不同的尺度因子 j 把 Hilbert 空间 $L^2(R)$ 分解为所有子空间 $W_j(j\in Z)$ 的正交和。其中，W_j 为小波函数 $\psi(t)$ 的小波子空间。为提高频谱分辨率，将尺度空间 V_j 和小波子空间 W_j 用一个新的子空间 U_j^n 进行统一表征，且令：

$$\begin{cases} U_j^0 = V_j \\ U_j^1 = W_j \quad j\in Z \end{cases} \tag{6-18}$$

此时，由于 $V_{j+1}=V_j\oplus W_j$，则可以将 U_j^n 的分解统一改写为 $U_{j+1}^0=U_j^0\oplus U_j^1$，$j\in Z$。接下来，需要对 U_j^n 进行重新定义，即令 U_j^n 是函数 $u_n(t)$ 的闭包空间，$U_j^{2n}(t)$ 是函数 $u_{2n}(t)$ 的闭包空间，并令 $U_n(t)$ 满足公式(6-19)所示关系。

$$\begin{cases} u_0(t) = \sum\limits_{k\in Z} h_k u_0(2t-k) \\ u_1(t) = \sum\limits_{k\in Z} g_k u_0(2t-k) \end{cases} \tag{6-19}$$

式中，$g(k)=(-1)^k h(1-k)$，表明这两个系数也是正交关系。当 $n=0$ 时，式(6-19)可以改写为式(6-20)。

$$\begin{cases} u_0(t) = \sum\limits_{k\in Z} g_k u_0\sqrt{2}\cdot 2t \\ u_1(t) = \sum\limits_{k\in Z} g_k u_1\sqrt{2}\cdot 2t \end{cases} \tag{6-20}$$

将式(6-20)中的 $u_0(t)$、$u_1(t)$ 用 $\varphi(t)$ 进行替换，即变成了多分辨率分析中的尺度函数和小波函数，假如将这种等价关系推广到 $n\in Z_+$(非负整数)的情况，则可得到如式(6-21)所示关系式。

$$U_{j+1}^n = U_j^{2n}\oplus U_j^{2n+1} \tag{6-21}$$

1. 小波包的空间分解

对于小波子空间 W_j，令 $n=1, 2, \cdots; j=1, 2, \cdots$，则可将其作如下分解，如式(6-22)~式(6-24)所示。

$$W_j = U_j^1 = U_{j-1}^2 \oplus U_{j-1}^3 \tag{6-22}$$

$$U_{j-1}^2 = U_{j-2}^4 \oplus U_{j-2}^5 \tag{6-23}$$

$$U_{j-1}^{3}=U_{j-2}^{6}\oplus U_{j-2}^{7} \tag{6-24}$$

由式(6-22)、式(6-23)和式(6-24)可得出小波子空间 W_j 的任意解，如式(6-25)所示。

$$\begin{cases} W_j=U_{j-1}^{2}\oplus U_{j-1}^{3} \\ W_j=U_{j-2}^{4}\oplus U_{j-2}^{5}\oplus U_{j-2}^{6}\oplus U_{j-2}^{7} \\ W_j=U_{j-k}^{2^k}\oplus U_{j-k}^{2^k+1}\oplus\cdots\oplus U_{j-k}^{2^{k+1}-1} \end{cases} \tag{6-25}$$

W_j 空间分解的子空间序列可以写作 $U_{j-l}^{2^l+m}$，$m=0$，1，…，2^l-1；$l=1$，2，…，其标准正交基为 $\{2^{-(j-1)/2}u_{2^l+m}(2^{j-l}t-k):k\in Z\}$。当 $l=0$，$m=0$ 时，$U_{j-l}^{2^l+m}=U_j^l=W_j$，此时它的正交基是 $2^{-j/2}u_1(2^{-j}t-k)=2^{-j/2}\psi(2^{-j}t-k)$，而这种形式恰好就是标准的正交小波族 $\{\psi_{j,k}(t)\}$。

令 $n=2^l+m$，则小波包可被简记为 $\psi_{j,k,n}(t)=2^{-j/2}\psi_n(2^{-j}t-k)$，$\psi_n(t)=2^{-l/2}u_{2^l+m}(2^lt)$。此时，$\psi_{j,k,n}(t)$ 称为具有尺度指标 j、位置指标 k 和频率指标 n 的小波包。与小波 $\psi_{j,k}(t)$ 只有 j，k 两个系数相比较，小波包增加了频率系数 n。频率系数的增加，使得小波包分析具有优于小波分析的时频分辨率。

2. 小波包塔式分解与重构算法

假设 $g_j^n(t)\in U_n^j$，则 $g_{j+1}^n(t)$ 可以分解为 $g_j^{2n}(t)$ 与 $g_j^{2n+1}(t)$，再利用小波包空间分解，可以得到小波包分解系数公式，如式(6-26)所示。此时，重构算法可以用式(6-27)表示，式中的 $\overline{h(k-2n)}$、$\overline{g(k-2n)}$ 分别为 $h(k-2n)$ 和 $g(k-2n)$ 的逆算子。

$$\begin{cases} C_{j+1,2m}(k)=\sum\limits_n C_{j,m}(n)h(n-2k) \\ C_{j+1,2m+1}(k)=\sum\limits_n C_{j,m}(n)g(n-2k) \end{cases} \tag{6-26}$$

$$C_{j,m}(k)=\sum_n C_{j+1,2m}(n)\overline{h(k-2n)}+\sum_n C_{j+1,2m+1}(n)\overline{g(k-2n)} \tag{6-27}$$

3. 最优小波基选择

小波包基库是由许多小波包基组成的，不同的小波包基具有不同的性质，能够分别反映出信号的不同特性。对于同一信号，当选取不同的小波包基时，其分解特性也不一样。因此，人们总希望根据不同分析信号的特征来选择一个最优小波包基，从而尽可能地反映出信号的特征并实施有效提取。

为了选择最优小波包基，现在定义一个具有可加性特征的实函数 M，又称为代价函数。目前，应用最多的代价函数是香农熵函数。此时，序列 $x=\{x_i\}$ 的熵可用式(6-28)来描述。

$$M(x)=-\sum_{i}p_i\lg p_i \tag{6-28}$$

式中，$p_i=\frac{|x_i|^2}{\|x\|^2}$且 $p=0$ 时，$p\lg p=0$。根据小波包理论，搜索最优小波包基实际上就是搜索使目标函数最小的基函数，其步骤如下：

第一步：利用代价函数计算出小波分解树中各结点的代价函数值，并分别写在对应的结点上，如图 6-2 所示(图中代价函数值仅为说明搜索步骤，无实际意义)。

第二步：从小波包分解树的最下层开始，给每一个结点的代价函数值都标上 *，如图 6-3 所示。

第三步：将上层结点称为父结点，下层结点称为子结点。若父结点的代价函数值小于其两个子结点之和，则标记该父结点，反之则不标记该值，如此逐层向上进行比较，直至顶层，如图 6-4 所示。

第四步：检查所有结点，只选取最上层被标记的结点，如此得到的一组与正交分解所对应的规范正交基就是信号分解后的最优小波包基，如图 6-5 所示。图中阴影所在的结点即为最优基结点。

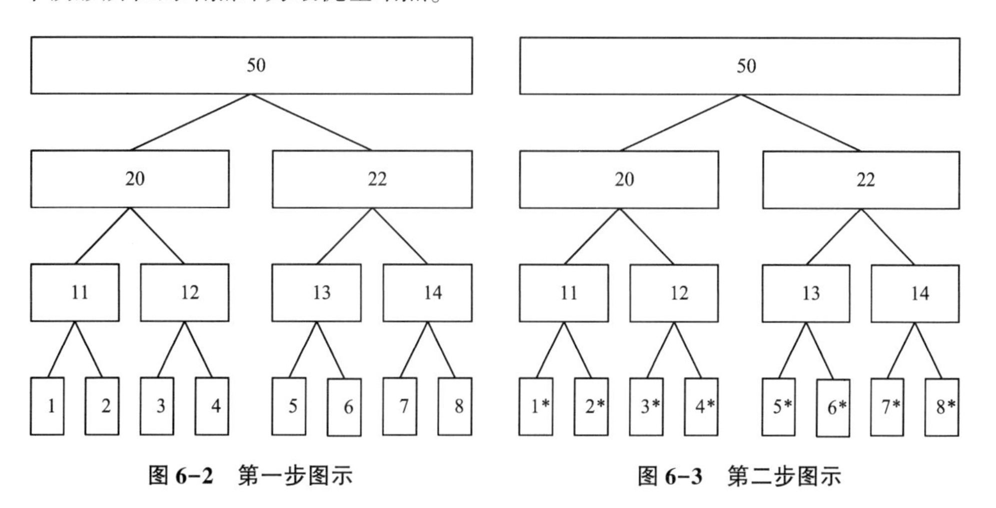

图 6-2　第一步图示　　**图 6-3　第二步图示**

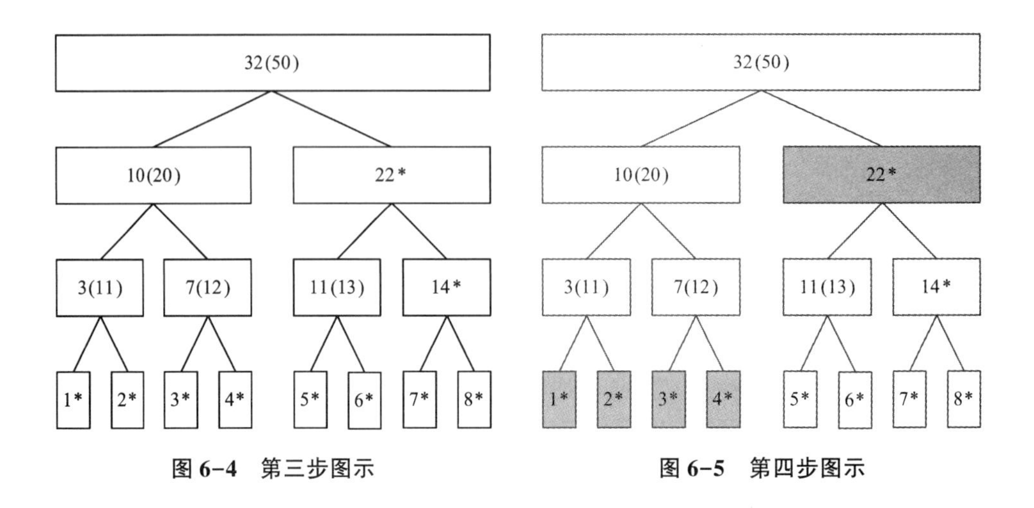

图 6-4　第三步图示　　　　图 6-5　第四步图示

6.4　小波阈值去噪方法

6.4.1　去噪原理

假设含有噪声的信号模型如式(6-29)所示。

$$f(n)=s(n)+u(n) \tag{6-29}$$

式中，$s(n)$为不含噪声的有用信号；$u(n)$为服从$N\sim(0,\ \sigma_n^2)$的平稳高斯分布噪声信号。将该信号模型左右两边同时做小波变换，由小波变换的线性特性，可得到式(6-30)。

$$WT_f(a,\ b)=WT_s(a,\ b)+WT_u(a,\ b) \tag{6-30}$$

根据平稳高斯分布性质，可以将u记作$u=(u(0),\ u(1),\ u(2),\ \cdots,\ u(N-1))^{\mathrm{T}}$，此时可得式(6-31)。式中的$E\{\cdot\}$代表均值运算，$\boldsymbol{C}$是$u$的协方差矩阵。

$$E\{uu^{\mathrm{T}}\}=\sigma_n^2 I\triangleq \boldsymbol{C} \tag{6-31}$$

为了将式(6-30)、式(6-31)写为向量的形式，设$\boldsymbol{f}$、$\boldsymbol{s}$、$\boldsymbol{u}$分别为$f(n)$、$s(n)$、$u(n)$的向量，F、S、U分别为$f(n)$、$s(n)$和$u(n)$的小波变换，即$F=\boldsymbol{Wf}$、$S=\boldsymbol{Ws}$、$U=\boldsymbol{Wu}$，则$\boldsymbol{P}$为U的协方差矩阵。因为$u(n)$服从$N\sim(0,\ \sigma_n^2)$，所以$E\{U\}=E\{Wu\}=WE\{u\}=0$，由此可得式(6-32)。

$$p=E\{UU^{\mathrm{T}}\}=E\{Wuu^{\mathrm{T}}W^{\mathrm{T}}\} \tag{6-32}$$

可以看到，经正交小波变换后，在很大程度上去除了式(6-29)所述模型中有用信号的相关性，因此 $s(n)$ 的能量将聚集在小波系数上。然而，高斯噪声信号 $u(n)$ 的小波系数仍是不相关的，因此它的能量并没有聚集在一起，而是分布在各个时间轴，且幅度较小。如果将 $s(n)$ 的小波系数保留下来，并将 $u(n)$ 的各个尺度上的小波系数变为 0 或者降至最低，那么就可以实现去噪，这就是小波变换去噪的基本理论基础。

6.4.2　阈值函数

1. 硬阈值

选定一个阈值 T，将所有小波系数与该阈值做比较，当大于阈值时，认为该小波系数为真实信号的小波系数，系数不做任何处理，即保留该值；当小波系数小于该阈值时，认为该系数为噪声信号的小波系数，则将该值设置为 0，如式(6-33)所示。式中：$\eta(\omega)$ 为硬阈值函数之后的小波系数，可以用图 6-6 进行示意。

$$\eta(\omega)=\begin{cases}\omega, & |\omega|\geqslant T\\ 0, & |\omega|<T\end{cases} \tag{6-33}$$

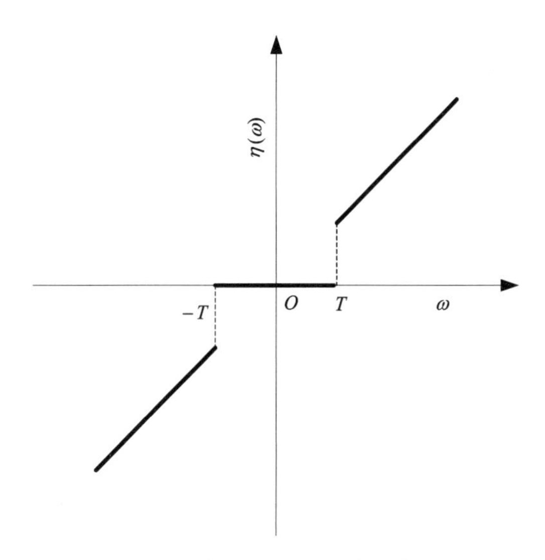

图 6-6　硬阈值函数之后的小波系数

由图 6-6 可以看出，硬阈值函数在$-T$和T处存在间断点，这种不连续性会导致估计信号产生附加震荡。虽然硬阈值函数能最大限度地保存信号的特征，但是函数的不连续性使其在平滑性方面存在严重缺陷。

2. 软阈值

选定一个阈值T，当小波系数大于阈值时，并不会如硬阈值函数一样保留该系数，而是让该系数减去阈值；当小波系数小于阈值时，则将该值设置为 0。软阈值数学函数的表达式如式(6-34)所示，并可以用图 6-7 进行示意。

$$\eta(\omega)=\begin{cases}1[\mathrm{sign}(\omega)](|\omega|-T), & |\omega|\geqslant T\\0, & |\omega|<T\end{cases} \tag{6-34}$$

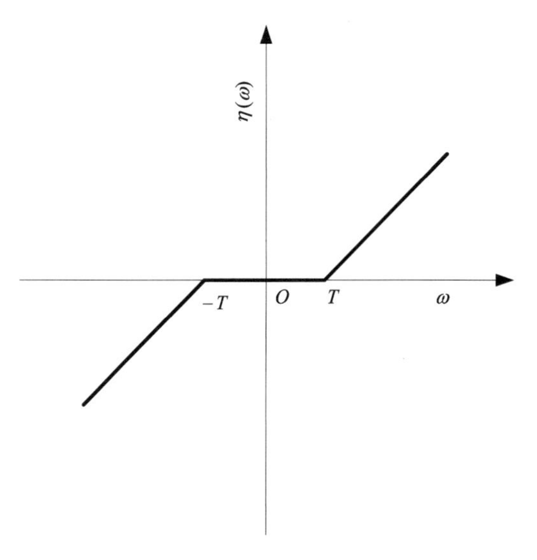

图 6-7　软阈值函数

可以看出，软阈值函数不存在间断点问题，连续性比硬阈值函数好，但是大于阈值的小波系数将采用固定值进行压缩运算，容易使得重构信号与真实信号之间存在一些误差，可能会导致信号产生一定程度的丢失而失真。

6.4.3　去噪步骤

以一维信号为例，小波阈值函数去噪的过程分为以下三步：

①计算信号正交小波变换。首先对原始信号$f(n)$做正交小波变换，即选择一

个正交小波并确定一个小波分解层次 N，并对 $f(n)$ 进行 N 层小波分解。

②对小波系数进行非线性阈值处理。将第一步所得到的各个尺度下的小波系数采取合适的阈值进行处理。

③小波重构。根据第 N 层低频系数与各层高频系数，做逆小波变换以便进行信号的重构，从而得到原始信号 $f(n)$ 的估计值。

6.5　基于小波包分析的雷达数据去噪

6.5.1　小波包去噪原理

小波包信号去噪的算法思想及流程与小波去噪算法基本一致，所不同的是小波包提供了一种更为灵活的分析手段。相对于小波分析，小波包会对上一层中的低频部分和高频部分同时进行分解，具有更加精确的局部分析能力；小波包将频带进行多层次划分，对小波变换没有分解的高频信息可进一步进行分解，并能根据地质雷达信号的特征，自适应地选择频带，使频带与含噪雷达信号中的有效信号相匹配，从而提高对探地雷达信号的处理能力。因此，本章采用小波包对粗粒弱硫酸盐渍土路基的实测探地雷达图像进行去噪处理。

小波包去噪的步骤共 4 步，在小波去噪的基础上增加了最优小波基的选取，即信号的小波包分解→确定最优小波基→小波包系数阈值处理→信号重构。

以 3 层小波包分解为例，如图 6-8 所示。S 表示实际接收到的探地雷达信号，A 为探地雷达信号被分解后得到的低频部分，D 表示对探地雷达信号实施分解后得到的高频部分，其下脚标数字表示小波包分解的尺度数，即小波包分解层数。该分解流程可以用式(6-35)来表示。

$$S=AAA_3+DAA_2+ADA_3+DDA_3+AAD_3+DAD_3+ADD_3+DDD_3 \tag{6-35}$$

在图 6-8 中，对探地雷达信号 S 进行小波包分解时，S 自身可以看作是层数为 0 的小波包分解，分解后仍为 S。在此之后，信号每经过一次分解都会被分解为两个不重叠的高频和低频信号。假设未分解的信号 S 的频率范围为 $[F_1, F_h]$，则经过第一层分解之后会得到一个频率范围为 $[F_1, (F_1+F_h)/2]$ 的低频信号 A_1 和一个频率范围为 $[(F_1+F_h)/2, F_h]$ 的高频信号 D_1。

在信号的实际处理中，一层小波包分解远远达不到要求，因此必须进行进一

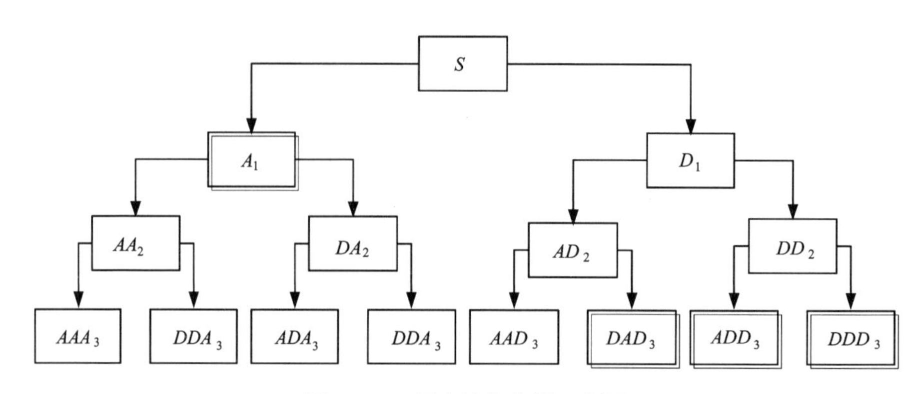

图 6-8　3 层小波包分解示意图

步细化分解，即进行多层次分解。对分解过后的低频信号 A_1、高频信号 D_1 同时进行二层分解，会得到频率范围为$[F_1, F_1+\Delta F]$的低频信号 A_1 的低频部分 AA_2 及得到频率范围为$[F_1, F_1+2\Delta F]$的低频信号 A_1 的高频部分 DA_2，频率范围为$[F_1, F_1+3\Delta F]$的高频信号 D_1 的低频部分 AD_2 和频率范围为$[F_1, F_1+4\Delta F]$的高频信号 D_1 的高频部分 DD_2，其中 $\Delta F=(F_h-F_1)/2^2$。

以此类推，可得到多层次小波包分解频率范围。当小波包分解层数为 k，则第 k 层会得到 2^k 个不同结点。设第 k 层结点序列号为 $1\sim 2^k$，则第 $j(1\leqslant j\leqslant 2^k)$个结点的频率范围为$[F_1, F_1+j(F_h-F_1)/2^k]$。

实施小波变换时，探地雷达信号中的有效信号、无效信号与噪声均会表现出不同的特性，有效信号之间具有相关性，而噪声信号则不具有相关性，即具有随机性。因此，在完成多层小波包分解并对探地雷达信号进行重构时，可以将同一频率段的信号进行互相关估计，再利用互相关系数值作为确定该信号是否为有用信号的依据，从而找到噪声的富存频段。确定噪声存在频段后，就可以确定该频段的小波分解系数，那么在阈值处理时就可以选择一个最优的阈值进行去噪处理，从而消除噪声信号。

6.5.2　去噪实例

基于上述分析，以新疆粗粒弱硫酸盐渍土路基的地质雷达实测图像为依托开展小波变换与去噪分析研究。图 6-9、图 6-10 所示为现场实测所得探测图像(省略纵横坐标)，可以看到图中含有大量的噪声，无法对有用信号、无用信号和噪声进行区别，因此无法实施判读分析。

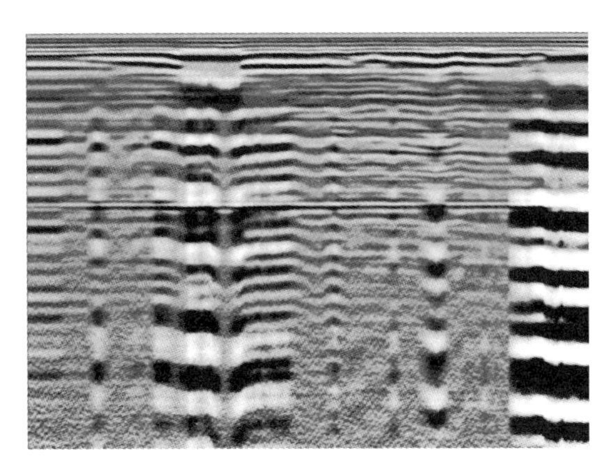

图 6-9　实测图像 1

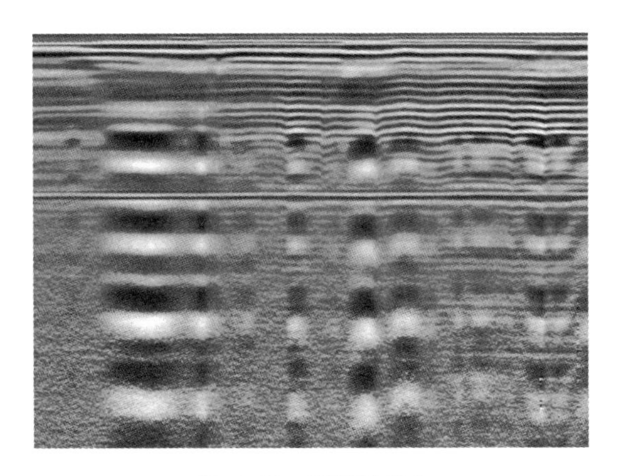

图 6-10　实测图像 2

为此，基于本章所述小波包理论采用 MATLAB 中的小波包工具包进行降噪仿真实验。实验中，采用 5 层小波包进行分解，并利用软阈值法对全局进行阈值处理。降噪完成后，结果如图 6-11、图 6-12 所示。由此可见，地质雷达原始探测图像中的大量噪声被滤除，图像变得更加清晰可辨，这表明采用小波包对地质雷达实测图像进行去噪处理是可行的，能取得较好的效果。

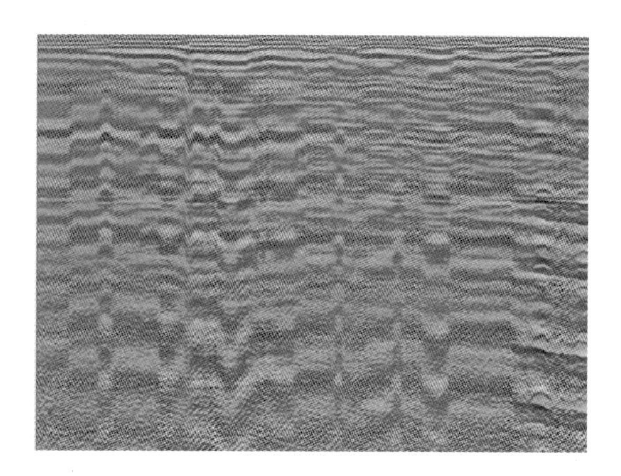

图 6-11　去噪图像 1

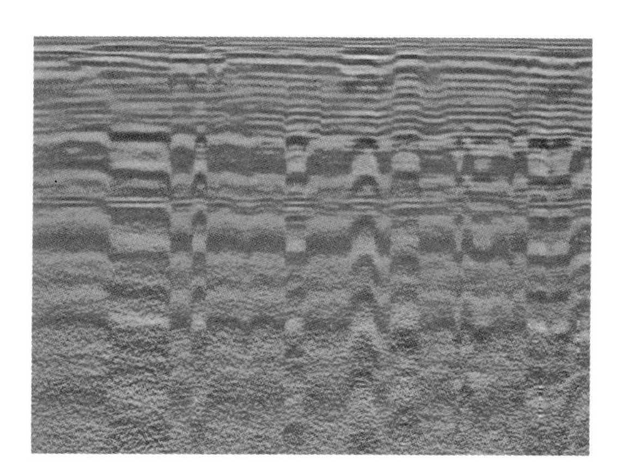

图 6-12　去噪图像 2

第 7 章　基于卷积神经网络的探测图像处理

7.1　概述

1962 年，Hubel 和 Wiesel 通过对猫视觉皮层组织的研究，首次从生物视觉认知角度提出了感受野的概念。感受野虽然只在输入空间起局部作用，但是却能极好地对图像中的特征进行挖掘。1980 年，Kunihiko Fukushima 在感受野的基础上提出了卷积神经网络的前身——自组织多层神经认知机。作为一种线性分类器，它是人工神经网络最简单的一种形式，也是首次将感受野引入到神经网络领域。认知机的优点在于它可以通过自身的学习对物体进行大致的概括和归纳，但由于算法本身的局限性，对于物体有遮蔽、位移、大小变化和旋转等干扰的时候，不能进行有效可靠的识别。

随后，Lecun 等人在 *Gradient-based learning applied to document recognition* 中提出了一种卷积模型，即 Lenet-5 模型。该模型通过卷积层对原始图像的局部信息进行提取并传输到高层从而形成特征图，再通过下采样层对特征图进行池化，最终将所得到的特征进行分类。通过卷积层，卷积神经网络能够在图像不经过预处理的情况下从原始图像中提取出有效特征，再经过多层隐层传递就可得到更高层的特性。在早期，Lenet-5 主要应用于手写数字识别并取得了巨大成功，极大地促进了卷积神经网络在图像、语音、自然语言处理等领域的发展。

近年来，卷积神经网络已经在图像处理领域得到了广泛认可及应用。2012

年，Krizhevsky 等人提出了卷积神经网络的 AlexNet 模型，该模型在当年 ImageNet 图像分类竞赛中取得了冠军，且处理结果的准确率远超亚军，这使得卷积神经网络再一次成了图像处理领域的焦点。随着人们对卷积神经网络研究的不断深入，新的神经网络模型不断被提出，例如牛津大学的 VGG（visal geometry group）模型、Google 的 GoogLenet 模型等，均取得了巨大的成功。神经网络的快速发展与应用，不仅仅得益于不断创新的网络，传统算法的结合、迁移学习的加入也起到了关键作用。

截至目前，卷积神经网络的发展具有如下特点。

1. 网络模型的定义

网络模型的应用数据容量及其特点是设计网络模型时首先要考虑到的重要因素，这是在后续阶段对网络模型的结构以及各项网络参数进行设定的重要前提，如：网络模型的深度、网络模型各个层的组合方式以及网络模型各个参数的取值。

当前，与神经网络结构及其设计相关的研究工作较多、成果较为丰富，比如：模型深度的选定、激励函数的选择、模型各个超参数的设定等。

2. 网络训练

卷积神经网络模型采用的是反向传播算法，并利用残差对模型的各个参数进行调节。实验和实践发现，在模型训练过程中容易产生过拟合、梯度消逝与爆炸等不良问题，容易对模型训练的收敛性造成不良影响。

针对模型训练过程中存在的此类问题，人们相继提出了一些有效的解决办法，比如：基于高斯分布对网络参数实施随机初始化运算；利用预训练的模型对目标训练模型的网络参数进行初始化；对卷积神经网络不同层的参数实施独立同分布初始化运算等。目前，卷积神经网络的模型参数具有数量庞大、类型复杂的特点，这就对网络模型的训练策略和设计提出了更高的要求。

3. 网络预测

卷积神经网络的预测就是将输入的图像数据作前向传递处理，在模型中的每一层都生成相应的特征图，并在最后使用全连接层得到相应的条件概率分布。目前的研究表明，经过卷积神经网络模型所得到的高层特征在判断能力与泛化能力上有着较好的表现。同时，通过相应的迁移学习处理，由神经网络处理获得的特征可以应用到其他领域，这一发现对神经网络模型的扩展应用有着重要意义。

本章的重点内容包括以下两点：

①基于 Lenet-5 模型，提出两种改进的卷积神经网络模型 CNN-1 和 CNN-2，并给出模型框架图、网络结构图及模型分析。

②探地雷达图像数据分类实验结果与分析。在 caffe 平台、GPU 计算条件下，以 4 类共 2580 幅粗粒弱硫酸盐渍土路基的探地雷达实测图像数据作为样本建立本次实验的数据集。首先，对比分析改进后的卷积神经网络模型 CNN-1，CNN-2 与经典神经网络模型 Lenet-5 的图像分类准确率。然后，进一步详细分析卷积核尺寸大小、全连接层神经元个数这两个网络模型参数对模型分类结果的影响，从而确保模型的运算性能。

7.2　卷积神经网络基本理论

7.2.1　模型结构

卷积神经网络是一个多层的神经网络，除输入、输出层外，一般由数个卷积层和池化层(下采样层)交替连接组成，后面再连接一个或多个全连接层以便对前置层产生的图像特征进行分类。典型的卷积神经网络结构如图 7-1 所示。

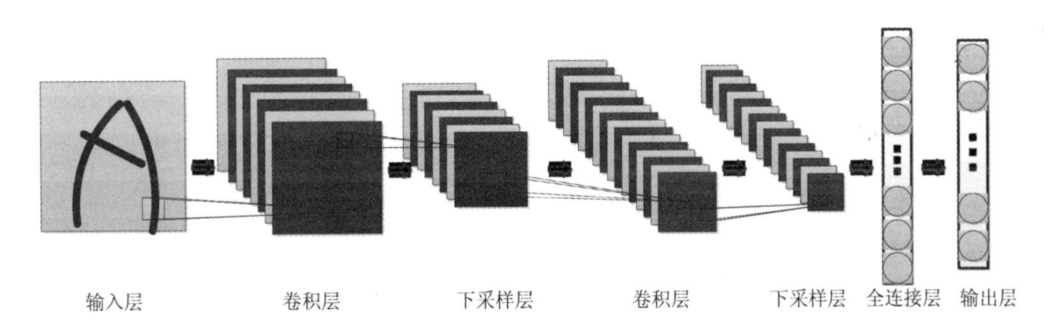

图 7-1　卷积神经网络的典型结构

1. 卷积层

作为卷积神经网络的重要组成部分，卷积层的作用是对图像进行特征提取。卷积层采用一系列可训练的卷积核(通常是系数不同但尺寸相同的卷积核)对上一层的输出数据进行卷积运算，并用一个非线性函数将卷积结果变换到某一个限定范围内，从而使模型具有非线性特性。卷积层的数学表达式如式(7-1)所示。

$$X_j^l = f\left(\sum_{j\in M_j}(X_j^{l-1}\otimes k_{ji}^l) + b_j^l\right) \tag{7-1}$$

式中，X_j^l 为第 l 个卷积层的第 j 个特征图(第0层表示输入图像)；k 为层与层之间的卷积核；b_j^l 为特征图 X_j^l 的加性偏置；M_j 为前一层的所有输出特征图；$\otimes$为卷积运算。

卷积核的作用至关重要，不同权值的卷积核与输入图像进行卷积操作运算，可提取出图像的不同特征。通常，低层的卷积层会首先提取图像中的具体化的细小特征，如边缘、线条和角点等，但随着网络层数的增高，将从低级特征中迭代提取到更为复杂、抽象的特征。

2. 池化层

经过卷积层提取得到的原始图像中的特征维数非常大，容易导致运算过程中出现过高的计算量和过拟合现象。因此，对于卷积神经网络模型，需要在卷积层后面加入池化层(即下采样层)以防止出现维数灾难。

池化层在卷积神经网络中的重要作用是对输入的特征图像进行降采样处理。在输入特征图像的相邻像素之间，池化层会进行求平均或求最大值运算从而得到新的特征映射图，以降低特征图的分辨率。此外，为了保证分辨率降低过程的稳定性，也为了在不影响感受野的情况下提高网络以及决策函数的非线性特性，池化层也需要引入激活函数。式(7-2)所示为池化层的计算表达式。

$$X_j^l = f(\alpha_j^l \mathrm{down}(X_j^{l-1}) + b_j^l) \tag{7-2}$$

式中，X_j^l 为第 l 个池化层的第 j 个特征图；f 为激活函数；α_j^l、b_j^l 分别为特征图 X_j^l 的乘性偏置和加性偏置。

3. 激活函数

激活函数是卷积神经网络的一个重要组成部分，本质上是一个非线性变换函数，其功能是对函数输入进行非线性变换，从而将输出限定在一定的范围之内。

激活函数增强了卷积神经网络的非线性表达能力，使得数据能够在非线性可分的情况下执行可分运算。此外，激活函数也增强了数据的稀疏表达能力，使得数据的处理更加高效。理想的激活函数应该具备非线性、连续可微、单调性、不饱和性和在原点处近似线性等特点，但目前常见的各种激活函数都只满足部分

特点。

常用的激活函数包括 sigmoid 函数、tanh 函数和 ReLU 函数，其数学表达式分别如式(7-3)、式(7-4)、式(7-5)所示，函数图形如图 7-2 所示。

$$f(x)=\frac{1}{1+\mathrm{e}^{-x}} \tag{7-3}$$

$$f(x)=\frac{\mathrm{e}^{x}-\mathrm{e}^{-x}}{\mathrm{e}^{x}+\mathrm{e}^{-x}} \tag{7-4}$$

$$f(x)=\begin{cases}x, & x\geqslant 0\\ 0, & x<0\end{cases} \tag{7-5}$$

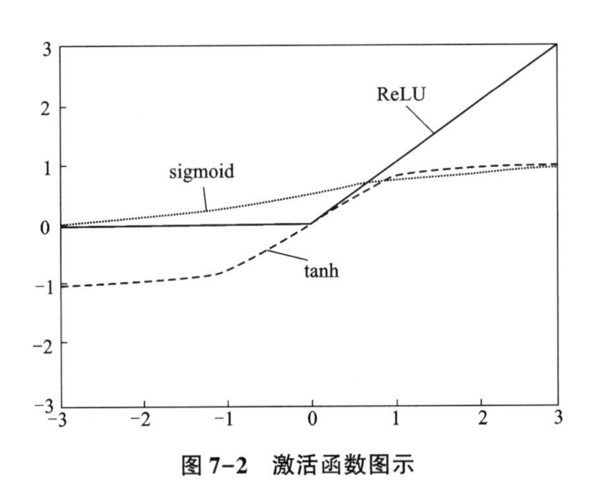

图 7-2　激活函数图示

sigmoid 函数是映射区间在[0，1]的单调连续函数，优点在于容易求导。作为 sigmoid 函数的改进形式，tanh 函数的收敛速度比 sigmoid 更快，且其输出结果始终以 0 为中心。然而，sigmoid 函数与 tanh 函数都有一个致命缺点，即由于饱和性问题，二者在运算过程中都容易出现梯度消失的严重问题。

相比之下，ReLU 函数有效地缓解了 sigmoid 函数与 tanh 函数都存在的梯度消失问题，且收敛速度更快，具有稀疏表达能力。因此，近年来 ReLU 函数得到了广泛认可与应用。

4. 全连接层与输出层

全连接层一般出现在网络的末端。一般而言，最后一个池化层和输出层之间通常有两个全连接层，但它并不是必需的，可以有 0 个或多个。全连接层的每一个神经元都与前一层的所有神经元相连接，主要作用是将二维的特征图转换成一维的向量，以便于输出层执行分类运算。

输出层作为卷积神经网络的最后一层，它的作用是对输入的一维向量进行分类。输出层与前一层也是采用全连接的形式，它的输出也是一个一维向量，维数等于分类的数目。输出层相当于一个分类器，通常采用 softmax 回归模型。

5. softmax 分类器

在卷积神经网络模型中，softmax 分类器的分类原理是利用负对数似然函数的最小化来执行优化运算，其输入为样本数据，输出结果则为样本的归属概率。

假设共有 k 类 m 个被标记的样本 $\{(x^1, y^1), (x^2, y^2), \cdots, (x^m, y^m)\}$，$y \in \{1, 2, 3, \cdots, k\}$，则 softmax 函数的表达式如式(7-6)所示。

$$p_k = \frac{\exp(\theta_k^{\mathrm{T}} x)}{\sum_k \exp(\theta_k^{\mathrm{T}} x)} k \tag{7-6}$$

式中，x 为输入样本；$p(k)$ 为样本 x 属于第 k 个种类的概率；θ 为函数的参数模型。假设共有 m 个已被标记的样本 $\{(x^1, y^1), (x^2, y^2), \cdots, (x^m, y^m)\}$，$\theta$ 需要在模型训练过程中不断地执行训练运算从而使代价函数最小。代价函数的计算式如式(7-7)所示。

$$J(\theta) = -\frac{1}{m}\left[\sum_{i=1}^{m} \sum_{j=1}^{k} 1\{y^{(i)} = j\} \cdot \lg(p(y^{(i)} = j \mid x^{(i)}; \theta))\right] \tag{7-7}$$

式中，$p(y^{(i)} = j \mid x^{(i)}; \theta) = \frac{\exp(\theta_k^{\mathrm{T}} x)}{\sum_j \exp(\theta_j^{\mathrm{T}} x)}$；$1\{\cdot\}$ 为示性函数，即 $1\{y^{(i)} = j\}$ 当第 i 个样本值属于第 j 类时函数值为 1，否则函数值为 0。对于代价函数的最小化求解，一般采用梯度下降法，其更新算法如式(7-8)所示。

$$\theta_j = \theta_j - \alpha \frac{\nabla J(\theta)}{\nabla \theta_j}, j = 1, 2, \cdots, k \tag{7-8}$$

7.2.2 应用特点

卷积神经网络是多层神经网络，它模拟了生物的视觉系统，通过局部感受野、权值共享和降采样 3 种技术实现了图像特征的位移、缩放和扭曲不变性。局部感受也可以提取局部、初级的视觉特征；权值共享可确保网络具有更少的参数；降采样降低了特征的分辨率，实现了位移、缩放和旋转不变性。

1. 局部感受野

受生物视觉系统的影响和启发，人们提出了局部感受野这一概念。假如将一幅完整的图像看作一个整体，显然相邻的局部像素之间的相关性较强，反之距离较远的像素之间的相关性则较弱。因此，在卷积神经网络中，每个神经元不需要对整个图像像素进行感知，只需要感知局部的像素信息，同时在更高层中将所有神经元感知的局部信息进行整合，就可以对全局信息进行重构，这就是局部感受野的基本原理与理论来源。

根据局部感受野的基本理论，每一层的神经单元只与前一层的部分神经单元相连。每个神经单元只响应感受野内的区域，完全不关心感受野之外的区域。图 7-3 为网络连接基本示意图。

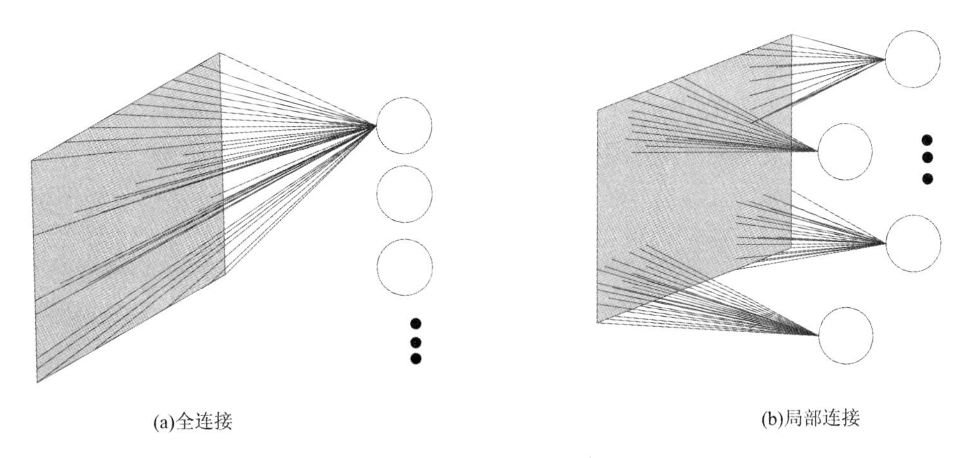

图 7-3　网络全连接与局部连接

假设原始图像的尺寸大小为 1000×1000 像素，一共 1×10^6 个神经元，同时采取全连接的方式，则会产生 1×10^{12} 个权值参数；假如采取局部连接，且每个神经元只与 10×10 个像素连接，那么权值参数则会减少到 1×10^8 个。

此外，随着网络层数的增加，高层神经单元会对原始图像造成覆盖，且覆盖的区域会越来越大，从而最终抽象出图像的全局特征信息。这种采用局部连接模式对局部特征进行提取的方法与对每个单元都提取全局特征相比，极大地减少了网络参数和计算量，使得模型能够处理更加复杂的目标识别任务。而且，随着网络的加深，高层神经单元实际感受到的底层区域不断变大，且经过不断的汇总组合之后，在底层提取到的简单特征在高层会形成更加抽象和复杂的特征。

2. 权值共享

理论分析和实践证明，卷积神经网络的局部感受野特性虽然在一定程度上减少了训练参数的数量，但参数仍然较大，此时需要执行新的策略以便使参数继续减少，因此需要实施权值共享。所谓权值共享，指的是在输入图片的不同位置进行卷积操作，从而生成一个特征图，该特征图上的每个单元都具有相同的权重和偏置参数。

虽假设采用局部感受野将权值参数减小到 1×10^8 个，但依然存在计算量庞大的问题。权值共享就是让 1×10^6 个神经元的权值参数均相等，那么参数就只有100个，可极大地减少计算量。因此，权值共享大幅减少了卷积神经网络训练所需要的参数数量，可进一步提高算法效率。需要注意的是，权值共享使得卷积神经网络提取到的特征与输入空间的位置无关，即卷积神经网络特征具备了平移不变性。

3. 降采样

在卷积神经网络模型中，池化层通常紧跟在卷积层之后，从而对卷积层的输出特征图进行降采样操作。降采样操作大大减少了输入层和输出层之间的中间层所包含的神经单元个数。

假设采样图像的大小为 $N\times N$，则经过降采样之后，尺寸大小为 $M\times M$ 的输入图像中的单元格数量减少到了 $M\times M/(N\times N)$，从而降低了模型计算的复杂度。而且，降采样操作使得卷积神经网络模型拥有了记忆功能，使得提取到的特征具有一定的扭曲和形变不变性，增强了特征的泛化能力。

7.2.3 算法

卷积神经网络的训练包括前向和反向传播两个阶段。图7-4(a)所示为一个具有双隐层深度前馈网络的前向传播计算流程，每层以一个节点为例进行算法演示。

从输入单元到第一个隐层 H_1 的计算算法可用式(7-9)来表述。

$$y_j = f(z_j),\ z_j = \sum_i \omega_{ij} x_i \tag{7-9}$$

式中，i 位输入层的节点取值；j 为隐含层的每个神经元；z_j 是对前一层所有节点的加权和；ω 为权值；$f(\cdot)$ 为激活函数。

从隐含层 H_1 到 H_2 的计算算法可用式(7-10)来表述

$$y_k = f(z_k),\ z_k = \sum_j \omega_{jk} x_j \tag{7-10}$$

式中，j 为 H_1 层的节点取值；k 为 H_2 层的单元。从隐含层 H_2 到输出层的计算算法可用式(7-11)进行表述

$$y_l = f(z_l),\ z_l = \sum_k \omega_{kl} y_k \tag{7-11}$$

式中，k 为 H_2 层的节点取值；l 为输出层的单元。图 7-4(b)所示为同一个深度前馈网络的反向传播计算流程。

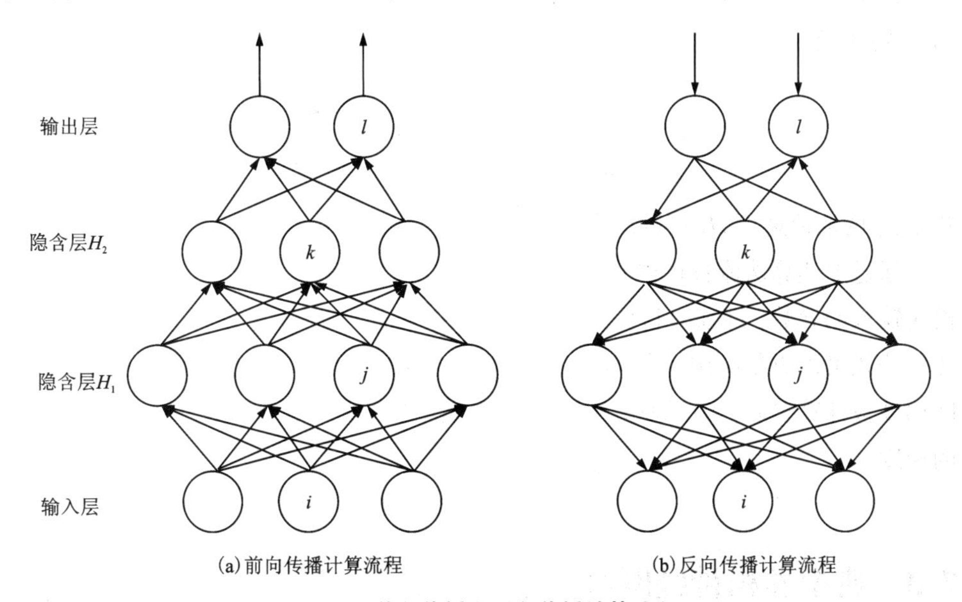

图 7-4　前向传播和反向传播计算流程

实施反向传播时，首先要计算误差梯度，也就是计算所有来自相对于后一层输入节点的误差梯度的加权和。然后，使用链式法则将误差梯度传递至该层的输入节点，输出单元的误差梯度则通过对代价函数(或损失函数)进行求导运算而得。

假如输出层代价函数单元 l 对应的代价函数为 $E=1/2(y_l-t_l)^2$，式中 y_l 为实际输出值，t_l 为期望输出值，则可以计算出关于 y_l 的偏导数为 y_l-t_l。因为 $y_l=f(z_l)$，所以代价函数相对于 z_l 的偏导数如式(7-12)所示。

$$\frac{\partial E}{\partial z_l}=\frac{\partial E}{\partial y_l}\frac{\partial y_l}{\partial z_l}=(y_l-t_l)f'(z_l) \tag{7-12}$$

从输出单元到第二个隐层 H_2 的计算式如式(7-13)所示

$$\frac{\partial E}{\partial y_k} = \sum_l \frac{\partial E}{\partial z_l}\frac{\partial z_l}{\partial y_k} = \sum_l \omega_{kl}\frac{\partial E}{\partial z_l} \tag{7-13}$$

式中，l 的取值遍历所有输出层节点；k 为 H_2 层的每个单元。同理可得，隐含层 H_1 的误差梯度如式(7-14)所示

$$\frac{\partial E}{\partial y_j} = \sum_k \frac{\partial E}{\partial z_k}\frac{\partial z_k}{\partial y_j} = \sum_k \frac{\partial E}{\partial y_k}\frac{\partial y_k}{\partial z_k}\omega_{jk} \tag{7-14}$$

式中，k 的取值遍历隐含层 H_2 层的所有节点。输出层的误差梯度如式(7-15)所示

$$\frac{\partial E}{\partial x_i} = \sum_j \frac{\partial E}{\partial y_j}\frac{\partial y_j}{\partial z_j}\frac{\partial z_j}{\partial x_i} = \sum_j \frac{\partial E}{\partial y_j}\frac{\partial y_j}{\partial z_j}\omega_{ij} \tag{7-15}$$

式中，j 的取值遍历 H_1 层的所有节点。

通过上述算法流程可以看出，反向传播算法的关键就是代价函数相对于一个模块输入的导数，即通过目标函数相对于该模块输出的导数进行反向传播。反向传播公式可以重复应用，将梯度从顶层输出再通过所有模块传递到输出层，当中间梯度被计算出后，接下来就很容易计算得出代价函数相对于每个模块内部权值的梯度。

7.3 典型卷积神经网络模型 Lenet-5

7.3.1 结构组成参数

Lenet-5 卷积神经网络模型最早被美国银行应用于支票上面的手写数字的识别，并取得了巨大成功，后来被广泛应用于银行手写数字及其他图像的分类。

Lenet-5 模型共有 7 层架构(不包括输入层)。输入图像的大小为 32×32 像素。C_1 层包含了 6 个特征图，由于该模型将输入图像中的 5×5 像素大小的邻域作为了特征图中每个神经元的输入，因而每个特征图的大小都是 28×28 像素。

C_1 层中的参数和连接个数的计算法则为，每个特征图中包括 25 个权值参数和一个偏置参数，再乘以 6 个特征图，所以共有 156 个参数，而连接个数则为 122304 个。

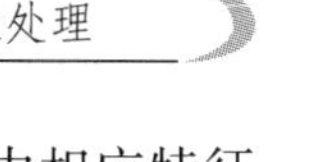

S_1 层同样包含了 6 个特征图。由于特征图的每个单元都将 C_1 层中相应特征图的 2×2 邻域作为输入，所以 S_1 层中的特征图的大小是 C_1 层中的特征图大小的 1/4，即 14×14。S_1 层共有 12 个参数，连接的个数则是 5880 个。

7.3.2　卷积过程

Lenet-5 模型的卷积和下采样过程如图 7-5 所示。

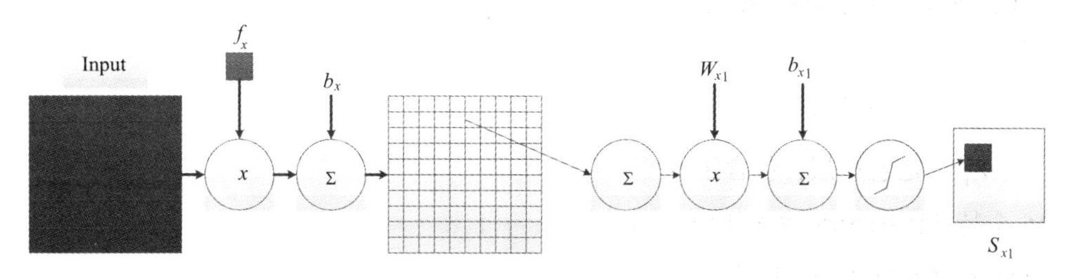

图 7-5　卷积和下采样过程

该过程可按照如下步骤进行描述：

第一步：将输入的图像与一个可训练的滤波器 f_x 进行卷积（后阶段就是每个特征图与滤波器 f_x 进行卷积）；

第二步：加上一个偏置 b_x，就生成了卷积层 C_x；

第三步：执行子采样过程，取 4 个大小均为 2×2 像素的邻域，然后执行求和运算，再与 W_{x+1} 相乘从而进行加权运算；

第四步：完成加权运算后，再加上一个偏置项 b_{x+1}；

第五步：经过 sigmoid 激活函数从而生成特征图 S_{x+1}，此时特征图的大小缩小到原来的四分之一。

1. C_2 层

事实上，模型中的 C_2 层也是卷积层，它同样是将 S_1 中大小为 5×5 像素的特征图邻域作为此层中每个神经元的输入，所以得到的特征图大小都是 10×10 像素。由于它使用了 16 个不同的卷积核，所以就产生了 16 个特征图。

通常情况下，不建议将 S_1 层中的每个特征图与 C_2 中的特征图进行连接，其原因：一是可以减少连接的数量；二是实现了网络的不对称性，从而使得每个特征图学习到的特征都不一样。

2. S_1 层和 S_2 层

S_1 中每相邻的 4 个特征图将作为 C_2 层特征图的输入，而 S_1 中的所有特征图在后期阶段又将作为 S_3 中最后一个特征图的输入，那么 C_2 层中的参数个数则是 1516 个，连接个数则是 151600 个。

相对于 S_1 层，S_2 层又是一个下采样层，包含了 16 个 5×5 像素大小的特征图。由于特征图中的每个单元都是与 C_2 层中大小为 2×2 像素的特征图邻域相连接的，所以特征图的大小变为 5×5 像素。S_2 层中的参数个数是 32 个，连接个数则是 2000 个。

3. F_1 层和 F_2 层

F_1 层是卷积层，包含了 120 个特征图。每个特征图的输入都是 S_2 层的全部 16 个特征图的 5×5 像素邻域。由于 S_2 层特征图的大小也是 5×5 像素，所以 F_1 层特征图的大小是 1×1 像素，也就相当于 S_2 层与 F_1 层之间是全连接状态。F_1 层的连接个数是 48120 个。

根据前置输出结果，F_2 层共需设计 84 个单元。F_2 和 F_1 层也是全连接状态，训练参数为 10164 个。为了计算 F_2 层的输入，首先需要计算输入向量和权向量的点积，然后加上一个偏置，并将这个值输入到 sigmoid 函数中，其输出就是每个单元的取值。

输出层单元采用的是欧式径向基函数，每个单元都代表了某一类特定的数据。每个单元的值是通过计算输入向量和参数向量的欧式距离来确定的，而参数向量是人工选取的，并且它的值是固定的。

7.4 两种改进的卷积神经网络模型

7.4.1 CNN-1 卷积神经网络模型

卷积神经网络作为多隐含层神经网络，隐含层由卷积层与子采样层相互交替，并从低层开始逐步对图像的特征进行提取。理论上，随着网络模型层数的增加，图像特征会越来越抽象，这就要求不断地增强对图像特征的判断能力及泛化能力，同时需削弱不相关因素的不利影响，进而提高模型的分类准确率。本节在

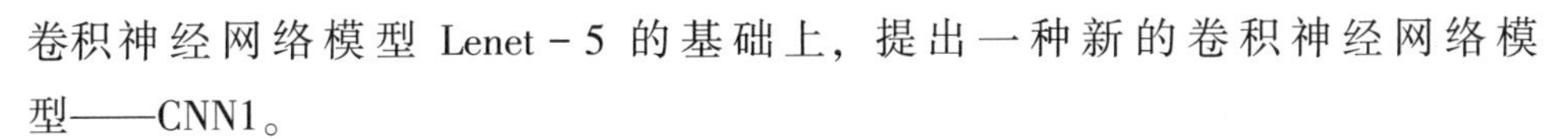

卷积神经网络模型 Lenet－5 的基础上，提出一种新的卷积神经网络模型——CNN1。

与 Lenet-5 模型相比，CNN-1 模型在 Lenet-5 模型的基础上增加了一个卷积层和一个池化层。如前所述，Lenet-5 模型的隐含层由两个卷积层和子采样层组成，隐含层数较低，只适用于小尺寸的图像。然而，地质雷达探测图像包含的数据量非常庞大且类型复杂，因而 Lenet-5 模型已经不适用于对地质雷达探测图像进行处理。

对此，为了让模型能够良好地处理探地雷达图像数据及实施准确的分类，作者在 Lenet-5 的隐含层部分新增了一个卷积层和一个子采样层，从而形成新的卷积神经网络模型 CNN-1。模型所采用的算法原理和 Lenet-5 的算法原理相同，但是 CNN-1 新增的卷积层和子采样层会对前两层提取到的特征进一步执行提取运算，因而具有更高层次的抽象及表达能力，可显著地提高分类准确率。

对于 CNN-1 模型，其卷积过程可描述如下：

第一步：假设原始输入图像的大小为 64×64 像素，则经过卷积层中大小为 3×3 像素的第一个卷积核后，将得到 20 个大小为 62×62 像素的特征图；

第二步：继续将这 20 个特征图输入到池化层中进行降采样处理(滑动步长为 2，池化窗口大小为 2×2 像素)，则处理后的特征图大小变为 31×31 像素；

第三步：将特征图输入到第二个卷积层，该卷积层中的卷积核的大小为 4×4 像素，经过卷积后的特征图大小则变为 28×28 像素，输出的个数为 50；

第四步：将特征图输入到第二个池化层(该层的参数配置与第一个池化层相同)，经降采样运算后得到的特征图的大小为 14×14 像素；

第五步：同理，继续将特征图输入到第三个卷积层中，其卷积核的大小为 5×5 像素，随后继续输入到池化层中进行降采样运算，最终得到的特征图大小为 5×5 像素。可见，经连续卷积和降采样运算后，图像的大小被逐渐压缩且数据信号没有丢失，保持了良好的保真度。

完成全部运算后，得到的特征图与神经元个数为 500，且特征图与神经元之间由全连接层进行连接。

7.4.2　CNN-2 卷积神经网络模型

当前，神经网络的训练过程普遍采用随机梯度下降算法，每次训练只使用一个固定数量的小批量数据，且所有数据在同一层所采用的卷积核的大小与步长都是相同的，这可能导致模型训练的特征具有一定的局限性。

为了能够更好地挖掘和提取出图像的特征，可以在卷积层使用不同的卷积核与原始图像做卷积运算。由于模型通常较为复杂且权值参数往往较为庞大，因此在同一个卷积层需使用不同的卷积核。对此，作者在本节提出一种并行的卷积神经网络模型 CNN-2。该模型共有两路，每一路卷积层分别采用不同的卷积核以便独立地对图像特征进行提取，最终在 Concat 层进行高层特征融合运算，以此提高模型分类的准确率。

并行神经网络模型 CNN-2 的结构组成特征如下：

①由两个结构对称的 3 层卷积神经网络模型组成并行同步卷积神经网络架构；

②通过两路并行的卷积神经网络对图像进行特征提取，分别提取出图像的高层特征，并将高层特征在 Concat 层进行高层特征融合以此来提高网络模型的分类准确率；

③每个单路均包括 3 个卷积层、3 个子采样层和 2 个全连接层，但是最终的输出层只有一个；

④Concat 层与分类器相连，其作用就是将两个或者多个维度的数据进行链接，即多输入、单输出。因此，两路中的第二个连接层将在 Concat 层进行特征融合。

需要注意的是，在并行卷积神经网络 CNN-2 模型中，两路卷积层中的卷积核尺寸的大小互不相同，但是其算法的计算过程与前两种模型的计算过程相同，即都是按照前向传播和反向微调进行运算。但 CNN-2 需保证两路网络之间的输入和输出时间同步，且两路输入图像的内容和数量也需保持一致。

7.5 探测数据分类实验

基于上述建立的卷积神经网络模型，以在西安市杨凌北部黄土台塬区实测得到的地质雷达图像为原始研究图像，共开展 3 类分析实验。实验 1 主要用于对改进后的卷积神经网络模型与 Lenet-5 模型的性能进行对比分析；实验 2、实验 3 主要用于评估分析模型参数取值对 CNN-1 及 CNN-2 性能的影响。

卷积神经网络用 caffe 工具箱进行设计，均采用 GPU 计算方式。

7.5.1　实验数据

实验数据为在西安市杨凌北部黄土台塬区粗粒混合钠盐盐渍土场地上实测得到的探地雷达实测数据，探地雷达数据存储在后缀名为“.dzt”的文件中。

首先利用小波包对实测数据进行去噪处理并读取为图像数据，然后从中选取 868 幅图像数据作为本次实验数据，部分图像数据如图 7-6 所示（省略纵横坐标）。

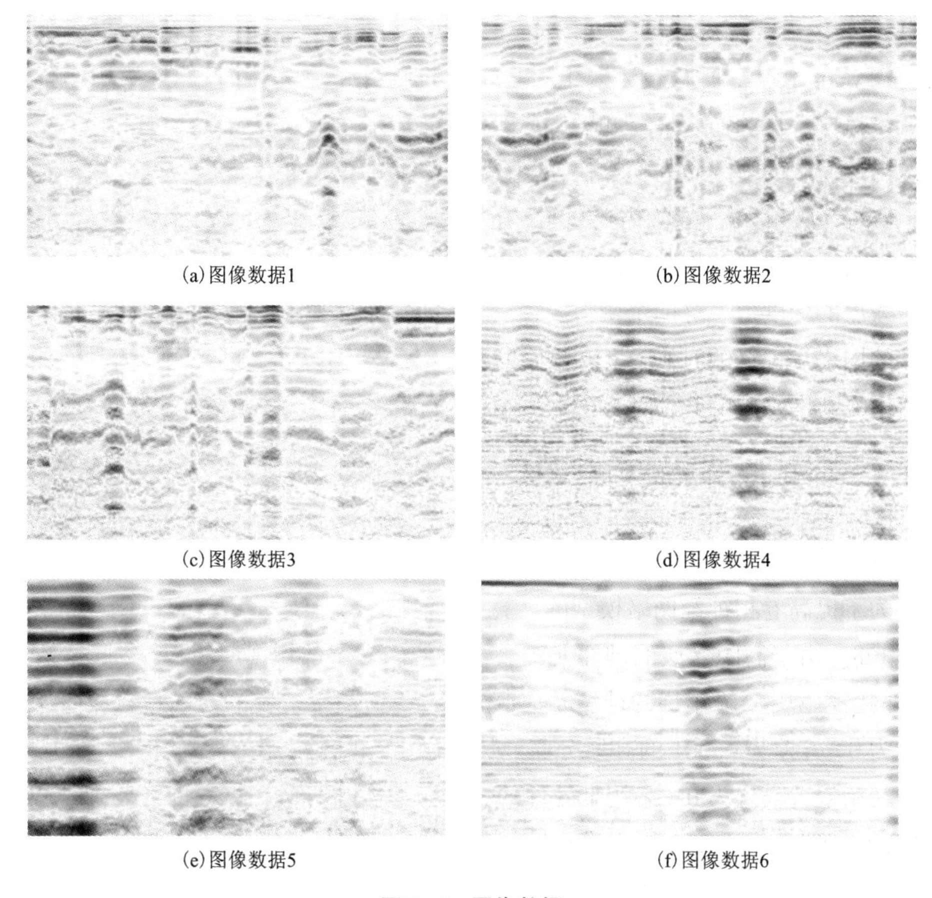

图 7-6　图像数据

训练时，需要将图像数据划分为两类，即训练数据集和测试数据集。在本实验中，按照 3∶1 的比例进行设置，因而共有 651 幅图像被划分到训练数据集，

217 幅图像被划分到测试数据集。

7.5.2 实验平台

本实验软件平台依托 Caffe 工具包。Caffe 的全称为 convolutioal architecture for fast feature embedding，是由加州大学伯克利分校的贾杨清教授及其团队成员共同开发完成的。Caffe 是一个网络结构清晰、高效的深度学习框架，具有开源特性，且支持命令行、Python 和 MATLAB 接口，既可以在 CPU 也可以在 GPU 上运行。多年来的实践证明，Caffe 工具包具有上手快、开放性、速度快、模块化等众多优点。

在 Caffe 包中，所有的计算都是以“层”的形式进行表示的，网络中“层”的作用就是执行数据的输入运算和输出运算。例如：首先输入一个图像数据，然后该图像与这一层的参数做卷积操作，最终输出卷积后的结果。

Caffe 包中的每一层均需要执行向前传播和向后传播两种函数运算。向前传播运算起始于输入数据同时终止于结果输出，而反向传播则以上一层的梯度值作为输入层的梯度值。这两个函数实现后，就可以把多层网络相互交错连接成一个整体的网络。训练的时候，可以根据已有的标签对误差和梯度进行计算，并用这些值来更新网络中的其他计算参数和权值。

7.5.3 实验 1：分类准确率对比

1. 基本设置

为了提高卷积神经网络模型的计算速度，将原始探地雷达的图像像素缩放至 128×128。由于高隐含层的神经元个数是由低隐含层的输出所决定的，因而在所有的网络模型中，输出层的神经元个数均为 6。层与层之间的初始连接权重服从均值为 0、方差为 0.001 的高斯分布。第一层的初始偏置由输入数据决定，其他层的初始偏置设置为 0。采用批处理的方式开展模型训练，每个批次处理 100 幅图像，因而共需划分 7 个批次进行训练(前六个批次均取 100 幅图像，第七批次取剩余的 51 幅图像)。三个模型均迭代 2000 次，每迭代 100 次均对测试数据进行一次检验。

2. 实验结果

本次实验结果如图 7-7 所示。

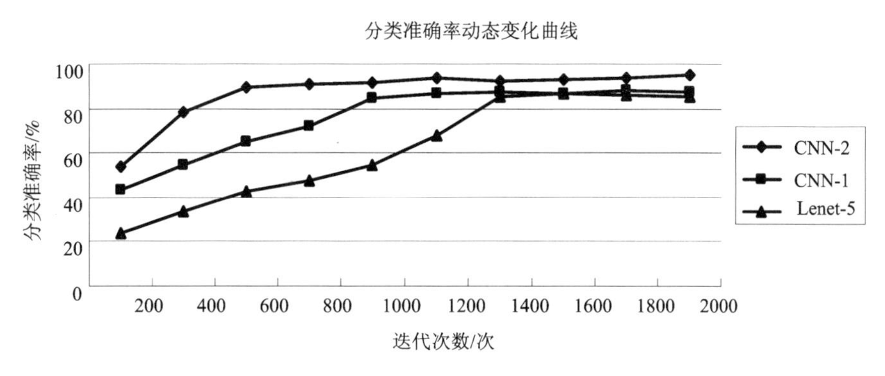

图 7-7　三种模型分类结果

从图 7-7 可以看出，三种卷积神经网络在探地雷达数据分类上都有较好的准确率，随着神经网络训练次数的增加，三种方法的准确率都在逐渐提高并且最后趋于稳定。Lenet-5 模型的最终分类准确率为 86.5%，CNN-1 模型的最终分类准确率为 88.2%，CNN-2 模型的最终分类准确率为 95.1%。因此，改进的卷积神经网络模型 CNN-1、CNN-2 在分类准确率上较 Lenet-5 模型有较大的提升，分别高出 1.7%，8.6%，且 CNN-2 较 CNN-1 又有 6.9%的提升。

此外，并行的卷积神经网络 CNN-2 取得了最高的准确率，且 Lenet-5 模型需要迭代 1400 次左右才会收敛，但是改进后的模型 CNN-2 只需要训练 500 次左右就会收敛，收敛速度更快。

7.5.4　实验 2：卷积核对分类性能的影响

1. 卷积核选取对 CNN-1 分类准确性能的影响

由于实验所用模型的层数为定值，那么卷积层核函数尺寸的大小选取就会成为影响分类准确率的主要因素之一（子采样层核函数一般为 2×2）。由于子采样的核函数大小为 2×2 且步长为 1，因此每次通过卷积层得到的特征图的尺寸大小都必须为偶数。

令：C_1、C_2、C_3 分别表示网络模型中的第一、第二、第三层卷积层的卷积核。本次实验首先在第一个卷积层中选取四个不同大小的核函数，即令 C_1 分别为 3，5，7，11，此时卷积核的取值如下：

①当 $C_1=3$，$C_2=4$ 时，C_3 分别取 3、5；

②当 $C_1=3$，$C_2=6$ 时，C_3 分别取 2、4；

③当 $C_1=5$，$C_2=5$ 时，C_3 分别取 6、8；

④当 $C_1=5$，$C_2=7$ 时，C_3 分别取 9、11；

⑤当 $C_1=7$，$C_2=4$ 时，C_3 分别取 2、4；

⑥当 $C_1=7$，$C_2=8$ 时，C_3 分别取 3、5；

⑦当 $C_1=11$，$C_2=6$ 时，C_3 分别取 2、4；

⑧当 $C_1=11$，$C_2=8$，C_3 分别取 3、5。

卷积神经网络模型共迭代 2000 次，每迭代 100 次对测试数据进行一次检验。实验结果表明，并不是所有的卷积核组合都能使卷积神经网络模型达到最终收敛。当 $C_1=5$、$C_2=7$、$C_3=11$ 以及 $C_1=7$、$C_2=8$、$C_3=5$ 时，卷积核组合并没有使网络达到收敛。此外，与达到收敛状态的卷积核作比较分析可知，低隐含层的卷积核尺寸选取不宜过大。

在所有收敛的模型中，分类准确率都随着迭代次数的增加而逐渐提高并最终趋于平稳，并且卷积核尺寸的变化改变了模型的分类准确率。当 $C_1=3$、$C_2=4$、$C_3=5$ 时分类准确率最高，可以达到 95.6%。此时，表明模型具有最佳性能。

2. 卷积核选取对 CNN-2 分类准确性能的影响

卷积神经网络模型迭代 2000 次，每迭代 100 次对测试数据进行一次检验。由于 CNN-2 是并行神经网络模型，卷积核的选取更为复杂。令：

①C_{11}、C_{12}、C_{13} 分别表示并行网络模型中第一个单路模型中的第一、第二、第三个卷积层的卷积核大小；

②C_{21}、C_{22}、C_{23} 分别表示第二个单路模型中各个卷积层中卷积核的大小。

本次实验以 CNN-1 中分类准确率较高的 $C_1=3$、$C_2=4$、$C_3=5$；$C_1=5$、$C_2=7$、$C_3=9$；$C_1=7$、$C_2=4$、$C_3=4$ 为参考对第一个单路的卷积核尺寸进行选取，则第二个单路的卷积核尺寸分别参考其他组合进行选取，具体如下：

①当 $C_{11}=3$、$C_{12}=4$、$C_{13}=5$ 时，C_{21}、C_{22}、C_{23} 分别选取 3、4、3；3、4、5；3、6、2 和 3、6、4；

②当 $C_{11}=5$、$C_{12}=7$、$C_{13}=9$ 时，C_{21}、C_{22}、C_{23} 分别选取 5、5、6；5、5、8；5、7、9 和 5、7、11；

③当 $C_{11}=7$、$C_{12}=4$、$C_{13}=4$ 时，C_{21}、C_{22}、C_{23} 分别选取 7、4、2；7、4、4；7、

8、3和7、8、5。

最后，将CNN-1中分类准确率较高的卷积核进行两两组合，分别作为第一路、第二路的卷积核选取尺寸。

实验结果发现，卷积核的选取对并行卷积神经网络CNN-2的分类准确性能有明显影响。分类准确率整体较好，随着迭代次数的增加其准确率都逐渐提升并最终趋于稳定。除个别卷积核外，大部分卷积核的最终分类准确率都能达到90.5%~93.1%。当$C_{11}=3$、$C_{12}=4$、$C_{13}=5$时，分类准确率能够达到93.1%，此时模型的分类性能最佳。

7.5.5　实验3：全连接层神经元个数对分类性能的影响

同样地，卷积神经网络模型迭代2000次，每迭代100次对测试数据进行一次检验。

1. 全连接层神经元个数对CNN-1分类准确性能的影响

CNN-1模型的卷积核尺寸按照$C_1=3$、$C_2=4$、$C_3=5$的方式进行选取，全连接层的神经元个数分别选取100、200、300、400和500，并分别进行对比。实验结果发现，全连接层神经元个数对模型分类准确性能有明显影响，但随着迭代次数的增加，所有的准确率都逐渐提高并趋于稳定。当神经元个数取500时，CNN-1模型的分类准确率最高。

2. 全连接层神经元个数对CNN-2分类准确性能的影响

本次实验中，CNN-2模型中的第一个单路全连接层神经元个数取500，第二个单路的全连接层神经元个数分别取100、200、300、400和500。

经进一步比较神经元个数对模型性能的影响，发现：全连接层神经元个数对模型的分类准确性能有明显影响，随着迭代次数的增加，所有的准确率都逐渐提高并趋于稳定。当两个单路的神经元个数分别为500和200时，并行卷积神经网络模型CNN-2的分类准确率达到最高，表明此时具有最佳分类性能。

本章以实测地质雷达探测图像为依托，对比分析了改进的卷积神经网络模型CNN-1、CNN-2与Lenet-5模型的分类准确率，然后研究了卷积神经网络重要参数对模型分类性能的影响。从整体分类性能指标来看，CNN-1、CNN-2模型的分类准确率较Lenet-5明显有所提升，并且CNN-2模型的准确率高于CNN-1模型的准确率，这说明特征的提取对分类结果具有一定的影响，且低隐含层的特征提取越多，则分类的准确率就越高。

此外，卷积层中的卷积核大小、全连接层神经元个数对于模型的分类性能也都具有较大的影响。小尺寸的卷积核能够充分地提取图像的特征、提高图像高层特征的质量从而提高最终的分类准确率；大尺寸的卷积核不能提取图像的细节特征，分类准确率不够理想。

不同的模型需要选取适当的模型参数才能使其性能达到最优。对于改进的CNN-1卷积神经网络模型，当卷积核选取 $C_1=3$、$C_2=4$、$C_3=5$ 及全连接层神经元个数取500时，模型具有最佳的分类性能。对于改进的并行卷积神经网络模型CNN-2，当卷积核选 $C_{11}=3$、$C_{12}=4$、$C_{13}=5$、$C_{21}=5$、$C_{22}=7$、$C_{23}=9$ 及全连接层神经元个数分别取500和200时，该模型的分类性能达到最优。

参考文献

[1] 肖泽岸，赖远明.冻融和干湿循环下盐渍土水盐迁移规律研究[J]. 岩石力学与工程学报，2018，37(S1)：3738-3746.

[2] 包卫星，张莎莎.路用砂类盐渍土盐胀及融陷特性试验研究[J]. 岩土工程学报，2016，38(4)：734-739.

[3] NATALIE V B, ISSHAM I, WAN R W S, et al. Experimental investigation of hole cleaning in directional drilling by using nano-enhanced water-based drilling fluids [J]. Journal of Petroleum Science and Engineering, 2019, 17(6): 203-212.

[4] DECAI F, HONG S. Hole quality control in underwater drilling of yttria-stabilized zirconia using a picosecond laser [J]. Optics and Laser Technology, 2019, 11(3): 81-90.

[5] SAJAD J, AbOLFAZL S, SANAZ E, et al. Automatic object detection using dynamic time warping on ground penetrating radar signals [J]. Expert Systems with Applications, 2019, 12(2): 111-119.

[6] JASSIM M T, AHMED S A B, ALI M A R. Mapping subsurface archaeological features using ground penetrating radar in the ancient city of Ur, Iraq [J]. Archaeological Research in Asia, 2018, 9(8): 77-85.

[7] ZHANG W B, MA J Z, TANG L. Experimental study on shear strength characteristics of sulfate saline soil in Ningxia region under long-term freeze-thaw cycles [J]. Cold Regions Science and Technology, 2019, 9(1): 76-89.

[8] WAN X S, YOU Z M, WEN H Y, et al. An experimental study of salt expansion in sodium saline soils under transient conditions [J]. Journal of Arid Land, 2017, 9(6): 865-878.

[9] JUNNA S, HE F H, ZHANG Z H, et al. Temperature and moisture responses to carbon mineralization in the biochar-amended saline soil [J]. Science of the Total Environment, 2016, 10(9): 569-570.

[10] 温世儒，杨晓华，吴霞，等. 岩溶区不同含水率破碎围岩地质雷达波形特征研究[J]. 公路交通科技，2014，31(11)：103-107，115.

[11] 邱道宏，李术才，张乐文，等. 基于隧洞超前地质探测和地应力场反演的岩爆预测研究[J]. 岩土力学，2015，36(7)：2034-2040.

[12] 张勇，刘策，郭晨，等. 路面层状结构低频介电增强特性[J]. 长安大学学报(自然科学版)，2014，34(2)：45-50.

[13] 潘保芝，栗猛，张瑞. 混合流体岩石介电常数的 CRI 模型与 Maxwell-Garnett 模型研究[J]. 测井技术，2016，40(3)：257-261.

[14] 靳潇，杨文，赵剑琦. 冻结土壤介电常数混合模型机理研究[J]. 冰川冻土，2018，40(3)：570-579.

[15] 陈伟志，李安洪，李楚根，等. 无砟轨道粗颗粒盐渍土路基设计方法[J]. 水文地质工程地质，2017，44(6)：58-63，69.

[16] GUO Y, XU S, WEI S. Development of a frozen soil dielectric constant model and determination of dielectric constant variation during the soil freezing process [J]. Cold Regions Science and Technology, 2018, 15(1): 111-120.

[17] 刘军，赵少杰，蒋玲梅，等. 微波波段土壤的介电常数模型研究进展[J]. 遥感信息，2015，30(1)：5-13，70.

[18] 姚显春，郭炳煊，吕高，等. 地质雷达数据介电常数递推反演研究[J]. 西安理工大学学报，2016，32(2)：199-206.

[19] Kargas G, Persson M, Kanelis G. Prediction of soil solution electrical conductivity by the permittivity corrected linear Model using a dielectric sensor [J]. Journal of irrigation and drainage engineering, 2017, 143(8): 34-40.

[20] 张崇民，张凤凯，李尧. 隧道施工不良地质探地雷达超前探测全波形反演研究[J]. 隧道建设，2019，39(1)：102-109.

[21] 李君建，柯式镇，尹成芳，等. 岩心介电特性及饱和度模型研究[J]. 石油地质与工程，2018，32(5)：103-107.

[22] 吴霞，温世儒，晏长根，等. 不同风化程度灰岩的地质雷达波形与频谱特征研究[J]. 西南大学学报(自然科学版)，2016，38(6)：159-164.

[23] Puente I, Solla M, González-Jorge H, et al. NDT documentation and evaluation of the roman bridge of lugo using GPR and mobile and static LiDAR [J]. Journal of Performance of Constructed Facilities, 2015, 29(1): 1-5.

[24] Anne L, Matthew A L, Inge H, et al. Detection of rockfall on a tunnel concrete lining with ground-penetrating radar (GPR) [J]. rock mechanics and rock engineering, 2016, 49(7): 2811-2823.

[25] Li M X, Neil A, Lesley S, et al. Condition assessment of concrete pavement using both ground penetrating radar and stress-wave based techniques [J]. journal of applied geophysics, 2016, 135: 297-308.

[26] 李尧, 李术才, 刘斌, 等. 钻孔雷达探测地下不良地质体的正演模拟及其复信号分析[J]. 岩土力学, 2017, 38(1): 300-308.

[27] Solla M, Asorey-Cacheda R, Núñez-Nieto X, et al. Evaluation of historical bridges through recreation of GPR models with the FDTD algorithm [J]. NDT&E International, 2016, 77: 19-27.

[28] 曾昭发, 刘四新, 冯晅, 等. 探地雷达原理与应用[M]. 北京: 电子工业出版社, 2010.

[29] 徐爽. 冻融作用下非饱和土介电常数和水盐迁移规律研究[D]. 哈尔滨: 东北林业大学, 2018.

[30] 赵学伟, 王萍, 李新举, 等. 基于 GPR 的滨海盐渍土土壤盐分探测技术研究[J]. 山东农业科学, 2018, 50(4): 84-89.

[31] Bessaim M. M, Missoum H, Bendani K, et al. Laboratory investigation on solutes removal from artificial amended saline soil during the electrochemical treatment [J]. International Journal of Environmental Science and Technology, 2019, 16(7): 3061-3070.

[32] Wen S R, Wu X, Yang X H. Waveform and frequency spectrum property of ground-penetrating radar for soarse-grained weak sulfuric acid saline soil subgrade [J]. Journal of Highway and Transportation Research and Development (English Edition), 2020, 14(3): 28-36.

[33] 温世儒, 吴霞. 粗粒混合钠盐盐渍土的地质雷达探测适用性研究[J]. 地质与勘探, 2020, 56(5): 1031-1039.

[34] Klouche F, Bendani K, Benamar A, et al. Electrokinetic restoration of local saline soil [J]. Materials Today: Proceedings, 2020, 22(1): 64-68.

[35] PONGSAK W, RAKTIPONG S, SOMNUK T, et al. A new method to determine location of rebars and estimate cover thickness of RC structures using GPR [J]. Construction and Building Materials, 2017, 140(1): 257-273.

[36] 周轮, 李术才, 许振浩, 等. 隧道施工期超前预报地质雷达异常干扰识别及处理[J]. 隧道建设, 2016, 36(12): 1517-1522.

[37] LIU H R, LING T H, LI D Y, et al. A quantitative analysis method for GPR signals based on optimal biorthogonal wavelet [J]. Journal of Central South University, 2018, 25(4): 879-891.

[38] TZANIS A. The curvelet transform in the analysis of 2-D GPR data: signal enhancement and extraction of orientation-and-scale-dependent information [J]. Journal of Applied Geophysics, 2015, 11(5): 145-170.

[39] 高永涛, 徐俊, 吴顺川, 等.基于 GPR 反射波信号多维分析的隧道病害智能辨识[J]. 工程科学学报, 2018, 40(3): 293-301.

[40] LALAGUE A, LEBENS M A, HOFF I, et al. Detection of rockfall on a tunnel concrete lining with ground-penetrating radar (GPR) [J]. Rock Mechanics and Rock Engineering, 2016, 49(7): 2811-2823.

[41] FENG D S, GUO R W, WANG H H. An element-free Galerkin method for ground penetrating radar numerical simulation [J]. Journal of Central South University, 2015, 22(1): 261-269.

[42] 温世儒, 杨晓华, 吴霞.基于 BP 神经网络的探地雷达图像特征判识与提取研究[J]. 公路, 2018, 63(7): 312-317.

[43] 温世儒, 杨晓华, 郭元术.基于频谱能量分析的地质雷达探测图像判读[J]. 工程科学与技术, 2020, 52(6): 120-130.

[44] 岳全贵, 张扬, 肖国强, 等.探地雷达的常见干扰和不良地质体的超前预报在隧道工程中的应用[J]. 长江科学院院报, 2017, 34(8): 36-40.

[45] 周轮, 李术才, 许振浩, 等.隧道综合超前地质预报技术及工程应用[J]. 山东大学学报(工学版), 2017, 47(2): 55-62.

[46] Zhu B L, Chen Q, Wei Y Y. Application of TSP advance geological prediction in construction of Yuanliangshan tunnel [J]. Hydrogeology & Engineering Geology, 2003, 30(1): 75-81.

[47] Qiu D, Li S, Xue Y. Prediction study of tunnel collapse risk in advance based on efficacy coefficient method and geological forecast [J]. Journal of Engineering Science & Technology Review, 2014, 7(4): 156-162

[48] Lee H, Choi I S, Kim H T. Natural frequency-based neural network approach to radar target recognition [J]. IEEE Transactions on Signal Processing, 2003, 51(12): 3191-3197.

[49] Hanssen R F. Radar interferometry data interpretation and error analysis [J]. Journal of the Graduate School of the Chinese Academy of Sciences, 2001, 2(1): 577-580.

[50] Allroggen N, Tronicke J. Attribute-based analysis of time-lapse ground-penetrating radar data [J]. Geophysics, 2016, 81(1): 1-8.

[51] 李华, 鲁光银, 何现启, 等.探地雷达的发展历程及其前景探讨[J]. 地球物理学进展, 2010, 25(4): 1492-1502.

[52] Szymczyk M, Szymczyk P. Preprocessing of GPR data [J]. Image Processing &Communication, 2013, 18(2-3): 83-90.

[53] 刘澜波, 钱荣毅.探地雷达: 浅表地球物理科学技术中的重要工具[J]. 地球物理学报, 2015, 12(8): 2606-2617.

[54] ANTHIMOPULOS M, CHRISTODOULIDIS S, EBNER L, et al. Lung pattern classification for interstitial lung diseases ising a deep convolutional neural network [J]. IEEE Transactions on

Medical Imaging, 2016, 35(5): 1207-1216.

[55] 王超, 沈裴敏. 小波变换在探地雷达弱信号去噪中的研究[J]. 物探与化探, 2015, 39(2): 421-424.

[56] 戴前伟, 吴铠均, 张彬. 短时傅里叶变换在 GPR 数据解释中的应用[J]. 物探与化探, 2016, 40(6): 1227-1231.

[57] 张杰. Mallat 算法分析及 C 语言实现[J]. 微计算机信息, 2010, 26(9): 229-230.

[58] 姜文龙, 胡伟华, 裴少英. 基于小波包变换的单道水上地震数据去噪方法研究[J]. 勘察科学技术, 2015, 5: 23-25.

[59] 李钦, 游雄, 李科, 等. 图像深度层次特征提取算法[J]. 模式识别与人工智能, 2017, 30(2): 127-136.

[60] He K, Zhang X, Ren S. Spatial pyramid pooling in deep convolutional networks for visual recognition[J]. IEEE Transactions on Pattern Analysis & Machine Intelligence, 2015, 37(9): 1904-1916.

[61] Ding J, Chen B, LIU H W, et al. Convolutional neural network with data augmentation for SAR target recognition [J]. IEEE Geoscience & Remote Sensing Letters, 2016, 13(3): 364-368.

[62] Xu X D, Li W, Ran Q, et al. Multisource remote sensing data classification based on convolutional neural network [J]. IEEE Transactions on Geoscience & Remote Sensing, 2017, 56(2): 1-13.

[63] 周飞燕, 金林鹏, 东骏. 卷积神经网络研究综述[J]. 计算机学报, 2017, 40(6): 1229-1251.

[64] 高峰, 周科平, 周炳仁, 等. 基于 TRT 技术的矿山井下地质超前预报[J]. 中国安全科学学报, 2014, 24(4): 80-85.

[65] 杨光, 刘敦文. 石英砂岩体的地质雷达波频谱特征[J]. 工程科学学报, 2015, 37(11): 1397-1402.

[66] 张莎莎, 王永威, 包卫星, 等. 影响粗粒硫酸盐渍土盐胀特性的敏感因素研究[J]. 岩土工程学报, 2017, 39(5): 946-952.

[67] 张莎莎, 戴志仁, 杨晓华, 等. 上覆荷载对砾砂类硫酸盐渍土路基盐胀的影响[J]. 中国铁道科学, 2019, 40(2): 1-8.

[68] 陈忠达, 陈冬根, 陈建兵, 等. 冻融循环对不同含水率粗粒土回弹模量的影响[J]. 郑州大学学报(工学版), 2014, 35(4): 9-13.

[69] Eigenberg R A, Woodbury B L, Nienaber J A, et al. Soil conductivity and multiple linear regression for precision monitoring of beef feedlot manure and runoff [J]. Society of Exploration Geophysicists, 2010, 15(3): 175-184.

[70] Kargas G, Persson M, Kanelis G. Prediction of soil solution electrical conductivity by the

permittivity corrected linear model using a dielectric sensor [J]. journal of irrigation and drainage engineering, 2017, 143(8): 34-40.

[71] 董必钦, 庄钊涛, 顾镇涛, 等. 矿渣混凝土氯离子渗透的电化学阻抗谱分析[J]. 深圳大学学报(理工版), 2019, 36(3): 268-273.

[72] 马传浩, 陈剑. 地质雷达技术在泥石流灾害调查中的应用——以北京房山南安主沟泥石流为例[J]. 地质与勘探, 2019, 55(4): 1066-1072.

[73] 张迪, 吴中海, 李家存, 等. 综合多频率地质雷达天线探测活断层浅层结构——以玉树活动断裂为例[J]. 地质力学学报, 2019, 25(6): 1138-1149.

[74] 张建智. 城市道路病害特征地质雷达正演模拟及快速识别[J]. 科学技术与工程, 2020, 20(14): 5499-5505.

[75] 张爱江, 吕祥锋, 周宏源, 等. 地质雷达快速检测城市道路路基病害应用研究[J]. 公路, 2017, 62(12): 270-274.

[76] Hu J, Vennapusa P K, White D, et al. Pavement thickness and stabilised foundation layer assessment using ground-coupled GPR [J]. Nondestructive Testing and Evaluation, 2016, 31(3): 267-287.

[77] Chu W, Schroeder D M, Siegfried M R. Retrieval of englacial firn aquifer thickness from ice - penetrating radar sounding in southeastern Greenland [J]. Geophysical Research Letters, 2018, 45(21): 11770-11778.

[78] 徐爽. 冻融作用下非饱和土介电常数和水盐迁移规律研究[D]. 哈尔滨: 东北林业大学, 2018.

[79] Fernandes F M, Fernandes A, Pais J. Assessment of the density and moisture content of asphalt mixtures of road pavements [J]. Construction and Building Materials, 2017, 154: 1216-1225.

[80] LING T Hua, ZHANG L, HUANG F, et al. OMHT method for weak signal processing of GPR and its application in identification of concrete micro-crack [J]. Journal of Central South University, 2019, 26(11): 3057-3065.

[81] Hong W T, Lee J S. Estimation of ground cavity configurations using ground penetrating radar and time domain reflectometry [J]. Nat Hazards, 2018, 92: 1789-1807.

[82] 肖泽岸, 赖远明. 冻融和干湿循环下盐渍土水盐迁移规律研究[J]. 岩石力学与工程学报, 2018, 37(S1): 3738-3746.

[83] 凌天清, 崔立龙, 陈巧巧, 等. 基于路面雷达测定沥青混合料压实度及空隙率研究综述[J]. 地球物理学进展, 2019, 34(6): 2467-2480.

[84] Schmelzbach C, Huber E. Efficient deconvolution of ground-penetrating radar data [J]. IEEE Transactions on Geoscience and Remote Sensing, 2015, 53: 5209-5217.

[85] 刘杰. 基于探地雷达属性预测路基含水率的模型实验研究[J]. 铁道科学与工程学报,

2018, 15(9): 2240-2245.
[86] 吴昊, 杨晓华, 温世儒. 岩溶区富水破碎带探地雷达频谱特征研究[J]. 公路交通科技, 2018, 35(12): 90-94, 103.
[87] Benedetto A, Tosti F, Ciampoli L B, et al. An overview of ground-penetrating radar signal processing techniques for road inspections [J]. Signal Processing, 2017, 132: 201-209.
[88] Yang Y, Sun X. The research on the analysis and application of detecting underground civil air defense with GPR [J]. World Journal of Engineering and Technology, 2015, 3(3): 52-58.
[89] 吴丰收, 花晓鸣. 基于探地雷达的隧道衬砌空洞高精度正演识别研究[J]. 隧道建设, 2017, 37(S1): 13-19.
[90] 郝士华, 娄国充. 探地雷达在岩溶公路隧道地区超前探测技术研究[J]. 公路工程, 2017, 42(4): 285-289, 316.
[91] 陈刚, 范宜仁, 李泉新. 顺煤层钻进随钻方位电磁波顶底板探测影响因素[J]. 煤田地质与勘探, 2019, 47(6): 201-206.
[92] Zajícová K, Chumana T. Application of ground penetrating radar methods in soil studies: a review [J]. Geoderma, 2019, 343: 116-129.
[93] 赵威. 电磁波 CT 几种常用成像方法应用效果对比[J]. 工程地球物理学报, 2019, 16(5): 749-754.
[94] Lee J, Yu J D. Non-destructive method for evaluating grouted ratio of soil nail using electromagnetic wave [J]. Journal of Nondestructive Evaluation, 2019, 38(2): 1-15.
[95] 周琼, 姜烨. 基于粒子群算法的煤矿井下电磁波传输优化模型[J]. 煤炭技术, 2019, 38(10): 160-162.
[96] Levatti H, Prat P, Ledesma A, et al. Experimental analysis of 3D cracking in drying soils using ground-penetrating radar [J]. Geotechnical Testing Journal, 2017, 40(2): 221-243.
[97] 游京, 齐跃明, 邵光宇, 等. 淄河源区浅层地下水化学特征及主要离子来源研究[J]. 广西师范大学学报(自然科学版), 2020, 38(4): 132-139.
[98] 刘阳飞, 李天斌, 孟陆波. 常用隧道超前地质预报方法适用性分析[J]. 工程地球物理学报, 2018, 15(6): 804-811.
[99] 李尧, 李术才, 徐磊, 等. 隧道衬砌病害地质雷达探测正演模拟与应用[J]. 岩土力学, 2016, 37(12): 3627-3634.
[100] Chu W, Schroeder D M, Siegfried M R. Retrieval of englacial firn aquifer thickness from Ice-penetrating radar sounding in southeastern greenland[J]. Geophysical Research Letters, 2018, 45(21): 11770-11778.
[101] 赵贵章, 乔翠平, 闫永帅, 等. 介质含水量与介电常数模型参数试验研究[J]. 水文地质工程地质, 2016, 43(3): 7-10.

[102] 池涛，李丙春，孜克尔·阿不都热合曼，等. 频率响应下盐渍土介电特性及含盐量估算[J]. 新疆大学学报(自然科学版)，2017，34(3)：332-338.

[103] HE T, HE L N, LI K. Poynting vector of an ELF electromagnetic wave in three-layered ocean floor [J]. Journal of Electromagnetic Waves and Applications, 2018, 32(18): 2339-2349.

[104] GOHARAWAN F, SHEIKH N A, QURESHI S A, et al. Implementation of cavity perturbation method for determining relative permittivity of non magnetic materials [J]. Mehran University Research Journal of Engineering and Technology, 2017, 36(2): 289-298.

[105] 吴贤忠，李毅，汪有科. 半干旱黄土丘陵区植物休眠期覆盖对土壤水热变化的影响[J]. 水土保持学报，2017，31(3)：182-186，192.

[106] Barca E, Benedetto D B, Stellacci A M. Contribution of EMI and GPR proximal sensing data in soil water content assessment by using linear mixed effects models and geostatistical approaches [J]. Geoderma, 2019, 343: 280-293.

[107] HU S, LI J, GUO H B, et al. Analysis and application of the response characteristics of DLL and LWD resistivity in horizontal well [J]. Applied Geophysics, 2017, 14(3): 351-362, 459-460.

[108] 刘新荣，刘永权，杨忠平，等. 基于探地雷达的隧道综合超前预报技术[J]. 岩土工程学报，2015，37(S2)：51-56.

[109] 杨凡，赵建民，朱信忠. 一种基于 BP 神经网络的车牌字符分类识别方法[J]. 计算机科学，2005，32(8)：192-195.

[110] 孙正. 数字图像处理与识别[M]. 北京：机械工业出版社，2014.

[111] 刘骏. Delphi 数字图像处理及高级应用[M]. 北京：科学出版社，2004.

[112] 章毅，郭泉，王建勇. 大数据分析的神经网络方法[J]. 工程科学与技术，2017，49(01)：9-18.

[113] 王栋. 基于 BP 神经网络的公路客运量预测方法[J]. 计算机技术与发展，2017，27(02)：187-190.

[114] 吴志攀，赵跃龙，罗中良，等. 基于 PSO-BP 神经网络的车牌号码识别技术[J]. 广州：中山大学学报(自然科学版)，2017，56(01)：46-52.

[115] 康亚男. CS 优化 BP 神经网络的高速公路流量预测[J]. 公路，2017(05)：194-198.

[116] 白大为，杜炳锐，张鹏辉. 基于希尔伯特-黄变换的低频探地雷达弱信号处理技术及其在天然气水合物勘探中的应用[J]. 物探与化探，2017，41(6)：1060-1067.

[117] 李静和，何展翔，杨俊，等. 曲波域统计量自适应阈值探地雷达数据去噪技术[J]. 物理学报，2019，68(9)：74-83.

[118] 刘宗辉，刘毛毛，周东，等. 基于探地雷达属性分析的典型岩溶不良地质识别方法[J]. 岩土力学，2019，40(8)：3282-3290.

[119] 温世儒. 基于地质雷达的岩溶地区公路隧道超前探测技术研究[D]. 西安: 长安大学, 2015.

[120] 刘宗辉, 吴恒, 周东. 频谱反演法在探地雷达隧道衬砌检测中的应用研究[J]. 岩土工程学报, 2015, 37(4): 711-717.

[121] Abbass M Y, Kim H, Abdelwahab S A, et al. Image deconvolution using homomorphic technique [J]. Signal, Image and Video Processing, 2019, 13 (4): 703-709.

[122] Uruma K, Konishi K, Takahashi T, et al. Colorization-based image coding using graph Fourier transform [J]. Signal Processing: Image Communication, 2019, 74: 266-279.

[123] Nistane V, Harsha S. Performance evaluation of bearing degradation based on stationary wavelet decomposition and extra trees regression [J]. World Journal of Engineering, 2018, 15(5): 646-658.

[124] 陈军, 葛双成, 赵永辉, 等. 海堤隐患雷达探测图像的小波处理及解释[J]. 地下空间与工程学报, 2015, 11(S1): 337-341.

[125] ZHAO B, REN Y, GAO D K, et al. Fuzzy ridgelet neural network prediction model trained by improved particle swarm algorithm for maintenance decision of polypropylene plant [J]. Quality and Reliability Engineering International, 2019, 35(4): 1231-1244.

[126] 王云专, 王润秋. 信号分析与处理[M]. 北京: 石油工业出版社, 2015.

[127] 张丽娟, 黄建武, 许薛军. 基于拉普拉斯变换的路面一维时变温度场预测[J]. 华南理工大学学报(自然科学版), 2017, 45(11): 10-16.

[128] 李佳宁. Contourlet 变换在隧道实测探地雷达图像处理中的应用研究[D]. 西安: 长安大学, 2014.

[129] 王旭, 王国中, 范涛. 深度图像的分块自适应压缩感知[J]. 计算机应用研究, 2016, 33(3): 903-906, 915.

[130] 吴一全, 孟天亮, 吴诗婳, 等. 基于二维倒数灰度熵的河流遥感图像分割[J]. 华中科技大学学报(自然科学版), 2014, 42(12): 70-74, 80.

[131] Gonzalez R C, Woods R E. Digital image processing (Third Edition) [M]. Publishing House of Electronics Industry, 2017.

[132] TANG T L, CHEN S Y, ZHAO M, et al. Very large-scale data classification based on K-means clustering and multi-kernel SVM [J]. Soft Computing, 2019, 23(11): 3793-3801.

[133] 王海燕, 崔文超, 许佩迪, 等. 一种局部概率引导的优化 K-means++算法[J]. 吉林大学学报(理学版), 2019, 57(6): 1431-1436.

[134] 张建明, 詹智财, 成科扬, 等. 深度学习的研究与发展[J]. 江苏大学学报(自然科学版), 2015(2): 191-200.

[135] 杜骞. 深度学习在图像语义分类中的应用[D]. 武汉: 华中师范大学, 2014.

[136] 陈硕. 深度学习神经网络在语音识别中的应用研究[D]. 广州：华南理工大学，2013.

[137] 胡玉理. 探地雷达地下目标特征提取与识别[D]. 长沙：国防科学技术大学，2009.

[138] 庞峰. 模拟退火算法的原理及算法在优化问题上的应用[D]. 长春：吉林大学，2006.

[139] Song X H, Gu H M, Xiao B X. Overview of tunnel geological advanced prediction in China [J]. Progress in Geophysics, 2006, 21(2): 605-613.

[140] 孔令讲. 浅地层探地雷达信号处理算法的研究[D]. 成都：电子科技大学，2003.

[141] 余凯，贾磊，陈雨强，等. 深度学习的昨天、今天和明天[J]. 计算机研究与发展，2013，50(9)：1799-1804.

[142] Hubel D H, Wiesel T N. Receptive fields, binocular interaction and functional architecture in the cat's visual cortex [J]. Journal of Physiology, 1962, 160(1): 106.

[143] 王超，沈裴敏. 小波变换在探地雷达弱信号去噪中的研究[J]. 物探与化探，2015，39(2)：421-424.

[144] Lee D M, Lee J G, Yoon S H. A construction of multiresolution analysis by integral equations [J]. Proceedings of the American Mathematical Society, 2002, 130(12): 3555-3563.

[145] 张杰. Mallat 算法分析及 C 语言实现[J]. 微计算机信息，2010，26(9)：229-230.

[146] Xiao X M. Comparison and improvements of image denoising based on wavelet transform [J]. Applied Mechanics & Materials, 2015, 740: 644-647.

[147] Wu H, Gu X. Towards dropout training for convolutional neural networks [J]. Neural Networks the Official Journal of the International Neural Network Society, 2015, 71: 1-10.

[148] 刘雁孝，吴萍，孙钦东. 基于区域卷积神经网络的图像秘密共享方案[J]. 计算机研究与发展，2021，58(5)：1065-1074.

[149] 张嘉晖，沈文忠. 基于多任务卷积神经网络的虹膜图像质量评估方法[J]. 上海电力大学学报，2021，37(3)：277-283.

[150] 于明，安梦涛，刘依. 基于多特征与卷积神经网络的人脸表情识别[J]. 科学技术与工程，2018，18(13)：104-110.

[151] 谢清林，陶功权，温泽峰. 基于一维卷积神经网络的地铁钢轨波磨识别方法[J]. 中南大学学报(自然科学版)，2021，52(4)：1371-1379.

[152] 李长春，赵卫东. 基于循环卷积神经网络的缺陷图像评判分级系统[J]. 长春师范大学学报，2021，40(4)：38-42.

[153] 张丽民. 基于深度卷积神经网络的室内服务机器人的场景理解技术研究[D]. 镇江：江苏科技大学，2018.

[154] 龚兰兰，刘凯，凌兴宏. 基于优化卷积神经网络的图像超分辨率重建[J]. 计算机技术与发展，2021，31(4)：100-105.

[155] 朱梓榕. 基于卷积神经网络的视频语义场景分割研究[D]. 武汉：华中科技大学，2017.

[156] 赵彩敏，刘国红. 基于改进的 Lenet-5 卷积神经网络的人脸表情识别[J]. 许昌学院学报，2021，40(2)：113-116.

[157] 任昕. 基于隐马尔可夫模型和卷积神经网络的 Web 安全检测研究[D]. 长沙：湖南大学，2018.

[158] 孙双林，杨倩，张优敏. 应用于图像分割的卷积神经网络参数简化模型[J]. 重庆理工大学学报(自然科学)，2021，35(3)：145-151.

[159] 任晓丽. 基于医学图像分割的卷积神经网络方法的综述[J]. 韶关学院学报，2021，42(3)：11-15.

[160] 张笑铭，王志君，梁利平. 一种适用于卷积神经网络的 Stacking 算法[J]. 计算机工程，2018，44(4)：243-247.

[161] 林若钦，罗琼. 基于可变形卷积神经网络的软件漏洞检测算法[J]. 计算机仿真，2021，38(3)：405-409.

[162] 郭东亮，刘小明，郑秋生. 基于卷积神经网络的互联网短文本分类方法[J]. 计算机与现代化，2017(4)：78-81.

[163] 王礼云，辛月兰. 基于卷积神经网络和层次标签集扩展的文本分类方法[J]. 西北师范大学学报(自然科学版)，2021，57(2)：48-54.

[164] 杨莉. 基于卷积神经网络的图像超分辨率重建[D]. 郑州：郑州大学，2017.

[165] 胡骏飞，文志强，谭海湖. 基于二值化卷积神经网络的手势分类方法研究[J]. 湖南工业大学学报，2017，31(1)：75-80.

[166] 张涛，刘天威，杜文丽. 一种基于卷积神经网络的区域调光技术[J]. 东北大学学报(自然科学版)，2021，42(5)：624-632.

[167] 吴雨浩，王从庆. 基于多路卷积神经网络的手势识别方法[J]. 吉林大学学报(信息科学版)，2021，39(3)：303-309.

[168] 李晓峰，刘刚，卫晋，等. 基于卷积神经网络与特征选择的医疗图像误差预测算法[J]. 湖南大学学报(自然科学版)，2021，48(4)：90-99.

[169] 邱云飞，朱梦影. 融合逆密度函数与关系形状卷积神经网络的点云分析[J]. 中国图象图形学报，2021，26(4)：898-909.

[170] 赵应丁，岳星宇，杨文姬，等. 基于多特征融合卷积神经网络的显著性检测[J]. 计算机工程与科学，2021，43(4)：729-737.

图书在版编目(CIP)数据

盐渍土土壤的地质雷达超前探测与判读技术 / 温世儒等著. —长沙：中南大学出版社，2021.11

ISBN 978-7-5487-4674-4

Ⅰ. ①盐… Ⅱ. ①温… Ⅲ. ①盐渍土地区—电磁法勘探 Ⅳ. ①P631.3

中国版本图书馆 CIP 数据核字(2021)第 191941 号

盐渍土土壤的地质雷达超前探测与判读技术

YANZITU TURANG DE DIZHI LEIDA CHAOQIAN TANCE YU PANDU JISHU

温世儒　吴霞　党巾涛　邱业绩　著

□**责任编辑**　韩　雪
□**封面设计**　李芳丽
□**责任印制**　唐　曦
□**出版发行**　中南大学出版社
　　社址：长沙市麓山南路　　邮编：410083
　　发行科电话：0731-88876770　　传真：0731-88710482
□**印　　装**　长沙印通印刷有限公司

□**开　　本**　710 mm×1000 mm　1/16　□**印张** 11.5　□**字数** 206 千字
□**版　　次**　2021 年 11 月第 1 版　□**印次** 2021 年 11 月第 1 次印刷
□**书　　号**　ISBN 978-7-5487-4674-4
□**定　　价**　68.00 元

图书出现印装问题，请与经销商调换